全球—中国重要农业文化遗产：河北涉县旱作梯田系统丛书

梯馈珍馐

——涉县旱作梯田系统食药物品种图鉴

贺献林 王海飞 主编

贾和田 刘国香 副主编

中国农业出版社

北 京

图书在版编目（CIP）数据

梯馈珍馐：涉县旱作梯田系统食药物品种图鉴/贺献林主编．—北京：中国农业出版社，2022.6

（全球/中国重要农业文化遗产：河北涉县旱作梯田系统丛书）

ISBN 978-7-109-29401-1

Ⅰ.①梯…　Ⅱ.①贺…　Ⅲ.①旱作农业－梯田－食物资源－涉县－图解②旱作农业－梯田－植物药－涉县－图解　Ⅳ.①S157.3-64②F327.224-64③R282.71-64

中国版本图书馆CIP数据核字（2022）第085191号

中国农业出版社出版

地址：北京市朝阳区麦子店街18号楼

邮编：100125

责任编辑：王琦瑢

版式设计：王　晨　　责任校对：刘丽香　　责任印制：王　宏

印刷：北京通州皇家印刷厂

版次：2022年6月第1版

印次：2022年6月北京第1次印刷

发行：新华书店北京发行所

开本：787mm×1092mm　1/16

印张：11

字数：250千字

定价：150.00元

编辑委员会

《全球 / 中国重要农业文化遗产：河北涉县旱作梯田系统丛书》

本书编委会

主　　编　贺献林

副 主 编　王海飞　贾和田　刘国香

编写人员　陈玉明　王玉霞　李春杰　玄家洁　牛永良　王萍萍　付亚平　王建军　申国玉　丁　丽　李　星　周　靖　宋明阳　贾燕飞　李　琛　王江叶　郑　峰　李小宁　李娟娟

主　　审　史保明

副 主 审　李　志　赵志刚　郭　伟　牛东阳

序一

梯田，是在山坡丘陵上沿等高线方向修筑的条状阶台式或波浪式断面的田地。中国梯田栽培的历史悠久，分布广泛，广西龙脊梯田、云南元阳哈尼梯田、湖南紫鹊界梯田，包括本丛书介绍的河北涉县旱作梯田都是其中比较著名的代表。

涉县旱作梯田农耕形式最早可以追溯到春秋末期赵简子屯兵筑城、养材任地时期。经历朝历代逐步修建发展，到元、明、清三代开发垦筑，初具规模。抗日战争和解放战争时期，涉县人民响应晋冀鲁豫边区政府号召，整修梯田、扩大生产、支援前线。新中国成立后，涉县人民继承先辈的优良传统，治山修田不止，使旱作梯田规模进一步扩大，质量大幅度提高，粮食产量稳步提升，农业系统不断完善。

现存的涉县旱作梯田核心区包括3大片区46个村，总面积205平方公里，其中，旱作梯田面积3.5万亩，地块大小不一，形状不一，土层厚度也不一样。分成25万余块，每块梯田的平均面积为0.14亩；土层厚的不足0.5米，薄的仅0.2米；石堰高的达7米，低的1米左右，石堰平均厚度0.7米，每平方米石堰大约有160块大小不等的石头垒砌而成，每立方米石堰大约需要400块大小不等的石块。涉县旱作梯田的石堰长度近1.5万公里，高低落差近500米。在一座座山岭上，一层层的梯田从山脚盘绕至山顶，错落有致，蔚为壮观，被联合国世界粮食计划署专家称作“中国的第二长城”“世界一大奇迹”。

涉县旱作梯田系统是当地先民通过适应和改造艰苦的自然环境发展并世

代传承下来的山区雨养农业系统。千百年来，人们在太行山沟、坡、岭、峧、垴等多种地貌修筑了大量梯田，形成了梯田的景观多样性，保存了丰富的生物多样性，创造了独具特色的农耕技术。同时，在这一农业系统上形成了饮食文化、石文化、驴文化、民俗文化等钟灵毓秀的文化多样性，使得遗产系统一代代活态传承，成为中国北方旱作农耕文化的典型代表。

习近平总书记十分重视传统的农耕文化，明确指出农耕文化是我国农业的宝贵财富，是中华文化的重要组成部分。涉县全面贯彻习近平总书记的指示要求，对旱作梯田的农耕文化进行保护挖掘，确立了政府主导、专家指导、部门牵头、企业参与、社会资助等多方参与的工作机制，多措并举，激发内生动力，组织开展了梯田作物品种、村落文化普查及大中专院校学生研学体验等一系列活动。特别是中国共产党涉县第十四次代表大会以来，涉县将“县城、乡村、园区、生态”作为支撑县域发展的重要平台，不遗余力地推动农业农村现代化，全方位保护开发梯田文化资源，使得涉县旱作梯田在新时代绽放出更加丰富多彩的文化光芒。

当前，正处在“巩固拓展脱贫攻坚成果，全面推进乡村振兴战略”的关键时期，既要借鉴现代农业先进生产技术，更要继承祖先留下的璀璨农耕文明，弘扬优秀农业文化，学习前人智慧，汲取历史营养。为此，我们组织策划和编撰的《全球/中国重要农业文化遗产：河北涉县旱作梯田系统丛书》，是对涉县旱作梯田农业文化遗产保护与宣传的有益探索和尝试，希望借此让更多的人关注涉县的农业文化遗产，从传统农业中探寻一条新时代农业农村高质量发展之路。

中共涉县县委书记　董路明

2022年3月

序二

2022年5月20日，对于河北涉县来讲，是足以写入历史的日子，在这一天联合国粮农组织网站上正式发布消息，河北涉县旱作石堰梯田系统与福建安溪铁观音茶文化系统、内蒙古阿鲁科尔沁草原游牧系统，携手入列全球重要农业文化遗产（GIAHS）名录。至此，在全世界23个国家和地区的65项全球重要农业文化遗产中，不仅有了河北涉县这一地名，更有了旱作石堰梯田这一特殊类型。

当晚，斟了一杯酒，为自己历经4年多在涉县、安溪、阿鲁科尔沁旗的申遗中所做的努力终获成功，为自己从2005年投身农业文化遗产保护事业到如今的坚持，也为了自己在三地申报和保护中做了一点工作、去了一些地方、交了一帮朋友。看到献林先生所发朋友圈："2022年5月20日河北涉县旱作石堰梯田系统被正式认定为全球重要农业文化遗产，为之奋斗10年，我自己小酌一杯庆贺一下！"真可谓"心有灵犀"。

3天以后，当我电话联系献林先生寻求资料上的帮助时，他用略带紧张的声调说希望我能为他主编的关于涉县旱作梯田丛书作序。尽管知道这套图文并茂、科学与文化相融的优秀图书并不需要我来增色，也知道已冠上"全球重要农业文化遗产"这一响亮头衔的涉县梯田也不需要我来推荐，但因为我对于涉县梯田、对于献林先生、对于农业文化遗产的特殊感情，虽略有迟疑，我还是答应了。

我能够知道在太行山深处有这样一个堪称"世界奇迹"的神奇人造农业

景观，还要感谢中国农业大学的孙庆忠教授。还记得在2014年评选第二批中国重要农业文化遗产项目时，他谈起涉县梯田以及梯田里的小米和花椒、王金庄及村里的石头屋与石头路、毛驴的特别价值与驴文化，激发了我对于涉县的向往。后来，他还给我推荐了一位优秀的学生李禾尧，成就了他从社会学专业向自然资源学专业的跨越，并将涉县旱作梯田作为案例之一，完成了题为《农业文化遗产关键要素识别及管理研究——以梯田类农业文化遗产为例》的博士学位论文。

真正有机会走进涉县、走进涉县梯田、走进王金庄，还是2016年10月我应邀参加“涉县旱作梯田保护与发展暨全球重要农业文化遗产申报专家咨询会”和组织“第三届全国农业文化遗产学术研讨会”。虽因为会期紧张而无法细细品味，但一些初步的认识已经印刻心中。2017年6月在接受《河北日报》记者采访时曾经表达了这样的看法：“在长期的历史发展中，涉县旱作梯田与周围环境不断协同进化和适应，形成了独特的旱作梯田农业发展理念。该理念基于对当地资源的充分利用和与环境的协调发展，使农民既能满足自身的生存发展需要，又不对当地的自然资源造成破坏，形成了一种可持续的农业发展模式。涉县旱作梯田农业系统不仅体现了中国的传统哲学思想，同时也对全球农业可持续发展具有积极意义。”

如果没有记错的话，应当是2015年冬季的一个晚上在中国农业大学孙庆忠教授的办公室第一次见到了献林先生。第一感觉是一位非常实在而又干练的人，他的言谈举止无不体现出学者风度，黝黑的脸庞和干练的风格，更显出是一位长期从事农业的基层干部。之后，为着全国性学术会议组织、为着全球重要农业文化遗产申报合作、为着团队成员多次到涉县开展调研，还有多次在国内外学术会议或其他场合见面，我们接触越来越多，也越来越了解。更加使我确信，涉县的申报工作一定能成功，保护与发展工作也一定做得很好。因为我一直认为并在很多遗产地得到了验证：农业文化遗产发掘与保护既需要地方主要领导的重视和多学科专家团队的支持，还一定要有一位有情怀、懂技术、会管理的“技术型领导”投入其中并长期坚持。

关于涉县旱作石堰梯田的历史与演变，结构、功能与价值，保护的重要性与必要性，等等。在近期连续的媒体报道多有提及，在《河北涉县旱作梯田系统》一书中也有较为详细的阐述。这套丛书跨度很大，①既有严谨的科学研究成果汇编《梯耕智慧——涉县旱作梯田系统研究文集》，而且这些成果大多出自不同学科的科研工作者之手，用学术语言阐释了涉县梯田的“科学价值”，因此有力支撑了申报文本的编写；②也有以图文并茂形式展示的食药物宝典《梯馈珍馐——涉县旱作梯田系统食药物品种图鉴》，这一堪称“宝典”的资料汇编，是科研人员与地方管理人员齐心协力的成果，“活态传承和利用的五谷杂粮15种68个农家品种、瓜果菜蔬28种58个农家品种、干鲜果品14种40个农家品种、可食菌类15种、可食野菜45种以及野生药用植物72种、药用动物32种。”单就这些数字，就知道“涉县旱作梯田系统农业生物多样性的保护与利用”为什么能获评“生物多样性100+全球典型案例”，而以此为基础的“种子银行”在专家在线考察时也是给人印象极为深刻；③更有以图文形式全方位解读涉县旱作石堰梯田系统的《梯秀太行——涉县旱作梯田系统图文解读》，从中既可以了解其发展的历史脉络，也可以学习其生态和谐之道，还可以探寻从不为人所知到闻名天下的“申遗历程”。

最后，还想借此机会说明一下，“涉县旱作石堰梯田系统”是截至目前的全世界65项全球重要农业文化遗产之一，也是截至目前的138项中国重要农业文化遗产之一。2015年，农业部发布的《重要农业文化遗产管理办法》明确：“重要农业文化遗产，是指我国人民在与所处环境长期协同发展中世代传承并具有丰富的农业生物多样性、完善的传统知识与技术体系、独特的生态与文化景观的农业生产系统，包括由联合国粮农组织认定的全球重要农业文化遗产和由农业部认定的中国重要农业文化遗产。”据此不难看出，农业文化遗产作为一种新的遗产类型与一般意义上的自然与文化遗产或者非物质文化遗产的区别之处。

2022年是联合国粮农组织发起全球重要农业文化遗产保护倡议20周年和中国启动中国重要农业文化遗产发掘与保护工作10周年。20年前，联合国粮农组织发起全球重要农业文化遗产（GIAHS）保护倡议的根本目的，是为了应对农业生物多样性减少、食物与生计安全、传统农耕技术和乡村文化丧失等问题，保障粮食安全，促进农业和农村可持续发展和乡村振兴。10年前，中国重要农业文化遗产发掘与保护工作伊始，就明确了其对于切实贯彻落实党的十七届六中全会精神的重要举措，保护弘扬中华文化的重要内容，促进我国农业可持续发展的基本要求和丰富休闲农业发展资源，促进农民就业增收重要途径的重要意义。

我曾经多次呼吁，全球/中国重要农业文化遗产是以农业为基础，具有经济、生态、社会、文化多重功能与价值的特殊遗产类型。正是因为这种遗产的保护与传承需要以农业生产为基础，自然会受到农业科技发展、气候条件变化、政策与市场影响，我们无法、也没有必要进行“原汁原味”的冷冻式保存，但又需要在自然与社会经济条件变化下保持遗产核心价值的不变。

毫无疑问，这是一个挑战。但既然接受了这个挑战，我们能做的就只有一起努力。因此，我们需要尽快从申遗成功的喜悦中走出来，按照《重要农业文化遗产管理办法》的要求，尽快落实向联合国粮农组组织承诺的“行动计划”中的各项任务。需要牢记的是：农业文化遗产保护成败的关键，在于农业是否可持续发展。因此，涉县旱作石堰梯田系统保护成败的关键，依然在于农业是否可持续发展。

农业农村部全球重要农业文化遗产专家委员会主任委员
中国农学会农业文化遗产分会主任委员
中国科学院地理科学与资源研究所研究员

2022年5月30日

前言

涉县地处太行山腹地，涉县旱作梯田系统是涉县人民在复杂的地理环境中，依山就势、层蹬横削，叠石相次、包土成田，把脆弱的石灰岩山体雕刻成雄伟壮观的大地艺术景观，是当地先民千百年来通过适应和改造艰苦的自然环境发展并世代传承下来的山区雨养农业系统，是中国北方旱作农耕文化的典型代表。河北涉县旱作梯田系统2014年被认定为第二批“中国重要农业文化遗产”，2021年10月，联合国《生物多样性公约》缔约方大会第十五次会议（CBDCOP15）在中国昆明召开，会议公布了“生物多样性100＋全球典型案例”，“涉县旱作梯田系统农业生物多样性的保护与利用”成功入选，2022年5月9日，“涉县旱作石堰梯田系统”顺利通过联合国粮农组织科学咨询小组的线上验收，2022年5月20日被正式认定为“全球重要农业文化遗产”。

为系统梳理研究成果，推动涉县旱作梯田生物多样性保护和利用，涉县农业农村局在县委县政府的指导和支持下，组织编写了《全球/中国重要农业文化遗产：河北涉县旱作梯田系统丛书》，以期能详细地解读涉县旱作梯田系统形成与演化历史、延续千年的原因及当前所面临的威胁与挑战，以提高全社会对重要农业文化遗产及其价值的认识和保护意识。其中《梯馈珍馐——涉县旱作梯田系统食药物品种图鉴》，是在梯田系统生物多样性研究基础上，用800多张图片及文字系统地介绍了旱作梯田馈赠人们的160多种作物传统农家品种、60余种可食用的野生菌类和野菜以及100余种野生药用动植物的特征特性、食用方法以及利用价值，力求全面系统地展示全球/中国重要农业文化遗产的涉县旱作梯田系统的生物多样性。

该书是在中国科学院地理科学与资源研究所、中国农业大学人文与发展学院的指导下，通过进一步调研编撰完成的，是集体智慧的结晶。全丛书由涉县农业农村局牵头组织推进，具体由贺献林设计框架，贺献林、王海飞、贾和田、刘国香统稿。在调研和编写过程中，得到了河北省农业农村厅、涉县人民政府及有关部门和乡镇的大力支持，涉县旱作梯田保护与利用协会等单位和机构给予了全力支持和配合，在此一并表示感谢！

由于时间仓促，水平有限，缺点错误在所难免，诚心希望各位读者提出宝贵意见，以便于修改和提高。

编　者

2022年3月

目录

概述

为全面系统地保护旱作梯田馈赠给人类的丰富食物和药物资源，自2018年以来，在中国农业大学、中国科学院地理科学与资源研究所及全国农民种子网络的支持指导下，我们以梯田核心区涉县井店镇王金庄为基础，组织开展了梯田生物多样性的调查研究。王金庄村是涉县的1个自然村，分设5个行政村，2018年全村人口4 540人，户数1 425户，旱作梯田面积3 542亩[*]（230公顷），由46 000余块土地组成，分布在12平方公里24条大沟120余条小沟里。调查以王金庄全村所有农户为基础，以5个街区为单元，进行随机抽样，辅以农户推荐，进行传统作物品种、梯田种植结构及社会经济调查。调查于2019年4月20日至9月20日，在王金庄分三次进行，3条大沟调查梯田4 639块、694.5亩，梯田调查占王金庄梯田面积的19.6%；对王金庄村5个街区农户抽样118户调查，抽样农户占全村农户的8.3%，抽样农户2018年梯田种植面积298.5亩，占全村梯田面积的8.4%。

经过四年的调查、种植和鉴别，历经千年的涉县旱作梯田系统现有活态传承和利用的五谷杂粮15种68个农家品种、瓜果菜蔬28种58个农家品种、干鲜果品14种40个农家品种、可食菌类15种、可食野菜45种以及野生药用植物72种、药用动物32种。

在资源极度匮乏的石灰岩山区、在天地不能有效生养的情况下，人类为了生存，把自己的主观能动性发挥到了极致，冲破“农业生产靠天收”的自然障碍，凭借“地种百样不靠天”的生存智慧和顽强的拼搏毅力，繁衍生息700多年，通过生物多样性的保护和文化多样性的传承，实现了农耕社会的可持续发展。

* 亩为非法定计量单位，15亩＝1公顷，下同。——编者注

一、五谷杂粮

古时行道曰粮，止居曰食，五谷杂粮一直是人类赖以生存的主要食物。以黍、稷、麦、菽、麻为主的五谷杂粮，在旱作农业系统中占有特别重要的地位，是维持人类生产生存的主要粮食作物。至今在梯田系统内保留着种类繁多的作物及其农家品种，这些作物及其农家品种从不同方面维持并满足着人们的食物需求。

（一）谷子

谷子古称稷、粟，去皮后俗称小米，是我国最古老的作物之一。距涉县35公里的武安磁山文化遗址，除出土石磨盘、石磨棒、石斧、石铲、石刀、石镰等古代典型的生产农具和其他文物外，还从189个窖壁垂直、四角工整的储粮窖中出土大量的腐朽粟谷，经碳14测定，为公元前5 000年前的遗物。证实这里的原始人即开始种谷、并以小米为主食。谷子，古称粟或禾。《中国武安谷》载："《风土志·方言》篇记：北方呼禾为谷，北方人呼谷曰小米。'禾有赤苗、白苗之异，今直隶人犹别而呼之，曰红苗谷、白苗谷'"。

据明嘉靖三十七年《涉县志》记载，时"户口　户二千五百四，口一万四千六百八十七。田赋　洪武二十四年（1391年），官民秋地九百六十一顷四十四亩，小米一万二百九十三石七斗七升"。至民国21年（1932年），涉县谷子亩产90公斤，年产量1 575多万公斤；种植面积17.5万亩，占粮食播种面积的45%，是涉县第一大作物。

谷子耐旱性强，小米是王金庄人的主要粮食作物，谷秆是当地毛驴的主要饲草。王金庄目前保留的谷子农家品种有多个，按种植季节可分为稙谷、晚谷；稙谷主要有来吾县、红苗老来白、马拖缰、压塌楼、马鸡嘴等；晚谷主要有落花黄、小黄糙等；按颜色分有黄谷、红谷、青谷等；按米质分有粳米、糯米。

1. 来吾县

（1）**种植历史及由来**：据1986年《河北谷子品种志》记载：来吾县"又名齐头来吾县，系邯郸地区涉县一带的农家品种。在邯郸地区各县都有种植，但主要分布在十年九旱的山区，以西部山区、丘陵地带为最多，目前种植面积达15万亩左右。春播夏播均可，适应性广，平原山区都能种植，耐旱性强，在无水源条件的山区旱地，历年平均亩产150公斤，1980年遇特大旱年，在玉米绝收情况下，该品种每亩收100多公斤。”

来吾县种子

（2）主要特征特性：幼苗叶片绿色，叶鞘紫色，分蘖力弱，成株叶片绿带浅紫色。主茎高140厘米左右，主茎着生21片叶，叶相披散。成熟时穗下垂，穗长16.2厘米，呈棍棒形，每穗平均有谷码94.3个，松紧适中，刺毛短，浅紫色，花药橙色。白谷黄米，谷粒椭圆形，略有光泽，千粒重2.7克。属高度抗旱品种，抗病性较强，抗谷锈病和谷瘟病。常与玉米隔年轮作种植。米质粳性，米质佳，口感好，可煮粥、也可做焖饭、捞饭。

来吾县幼苗

来吾县穗部

2. 露米青

（1）种植历史及由来：露米青是王金庄农家品种。据1986年《河北谷子品种志》记载，“该品种系邯郸地区涉县一带栽培历史悠久的农家品种。主要分布在邯郸地区西部山区，一般亩产150公斤左右，露米青小米出饭多，是群众喜食爱种的品种”。该品种成熟时，种子颜色呈青色，且有半个籽粒在外裸露而得名。

露米青种子

（2）主要特征特性：幼苗茎扁圆，后长出的叶片、叶鞘均为绿色，株高150厘米，须根粗大，谷秆粗壮，主茎着生20 ~ 21片叶，成熟时穗子青色，主穗长18.4厘米，圆锥形，松紧适中，刺毛短，略带浅紫色，花药橙色，谷粒圆形，种皮青灰色无光泽，去壳后的小米亦青灰色，千粒重3.2克。适宜种植在弯地，坡地风大，秀穗后容易摩擦谷穗，导致落粒，由于米粒外露，成熟后容易脱落且易感染粟粒黑粉病。露米青为青谷青米，民间认为具有保肝护肝作用，是民间肝炎患者的食疗佳品，尤其是对黄疸型肝炎有益。

露米青籽粒

露米青穗部

露米青幼苗

3. 屁马青

（1）种植历史及由来：屁马青是20世纪延续下来的一个传统农家品种，因成熟的谷穗顶部平头齐，当地人又称齐头青。

（2）主要特征特性：幼苗红色，穗有毛刺。株高140厘米，穗长25厘米，亩产200公斤，千粒重2.8克，黄谷青米，一般亩产230公斤左右。5月上中旬种植，每亩留苗2万～3万株，到9月中下旬收割。屁马青，色泽为青色，是肝炎患者的食疗佳品。

屁马青籽粒

屁马青幼苗

屁马青抽穗期

屁马青穗部

4. 三遍丑

(1) 种植历史及由来：三遍丑是王金庄一个传统农家品种。

(2) 主要特征特性：幼苗叶片深绿色，叶鞘紫色，成株叶片绿色带紫色花青素，叶相下披，穗呈圆筒形，谷码大且密，穗长15.7 ~ 16.7厘米，刺毛长，紫色，谷粒黄白色，米黄色，千粒重2.8克。适时收获，避免风磨鸟啄造成损失。适应性强，抗旱耐瘠薄，山垴山沟都可播种，适播期长。米质好，做焖饭和煮饭都行。

三遍丑种子

三遍丑幼苗

三遍丑穗部

5. 压塌楼

(1) 种植历史及由来：压塌楼，也称压塌车，是一个传统农家品种。

(2) 主要特征特性：幼苗绿色，黄谷，黄米，一般株高1.3 ~ 1.5米，穗长26厘米，谷码不紧凑，千粒重3克左右。米质粳性，抗旱性较好。一般清明至芒种播种，每亩留苗2万~ 3万株，9月上中旬收获，亩产200 ~ 250公斤。谷穗无毛刺，注意适时早收，防风防鸟害。

压塌楼种子

压塌楼幼苗

压塌楼抽穗期

压塌楼穗部

6. 马鸡嘴

马鸡嘴种子

（1）种植历史及由来：在王金庄种植几十年以上，现在全村种植的户数约400户，种植面积约300亩，是王金庄谷子种植中的主要传统农家品种。

（2）主要特征特性：幼苗绿苗，成株时根部叶是紫色的，上部叶是绿色的，株高1.6米，穗长20厘米，成熟时谷子穗最顶端长呈方头，比较粗大，像农家手工做的脚上的“老鞋”（方言：老鞋是棉鞋，小鞋是单鞋），黄谷黄米，千粒重3.1克。谷穗头部太重，易倒伏。属倒谷，适合清明播种。

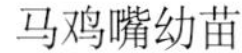
马鸡嘴幼苗

马鸡嘴穗部

马鸡嘴稠饭

7. 青谷

青谷种子

（1）种植历史及由来：青谷，系王金庄村种植历史悠久的传统农家品种。王金庄目前有200余户种植，面积100余亩。

（2）主要特征特性：幼苗绿色，株高160厘米，穗长30厘米，穗青色，青谷青米，谷码紧凑，千粒重3.1克。宜早种不宜晚种。具有保肝护肝作用。

青谷米粒

青谷穗部

青谷小米粥

8. 红苗老来白

（1）种植历史及由来：该谷子在王金庄种植历史悠久，是一个传统农家品种。

（2）主要特征特性：幼苗红色，叶和茎都是红色，株高约150厘米，穗长25厘米，千粒重2.6克，亩产200公斤。抗倒伏。黄谷黄米，米质好，米粒大，做出的米粥比较黏稠，做稠饭比稀饭好吃。

红苗老来白种子

红苗老来白幼苗

红苗老来白穗部

红苗老来白抽穗期

9. 小黄糙

小黄糙种子

（1）种植历史及由来：该品种是一种旱年抗灾种植的谷子传统农家品种。

（2）主要特征特性：幼苗叶片、叶鞘绿色，株高比较矮，约115厘米，直径0.46厘米，无分蘖，主茎20～21节，成株叶片绿色，叶相披散，穗呈纺锤形，穗长20厘米，千粒重2.8克。黄谷黄米，穗不带毛刺，码紧凑。生育期短，成熟早，口感较差，但可作救灾作物。不要种植在垴地上，及时收获，避免风磨鸟啄造成损失。

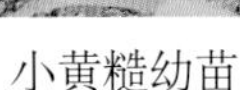
小黄糙幼苗

小黄糙苗期

小黄糙穗部

10. 落花黄

落花黄种子

（1）种植历史及由来：落花黄是当地传统农家品种。

（2）主要特征特性：幼苗叶片、叶鞘绿色，主茎高130厘米左右，主茎20～21节，成株叶片绿色，叶相披散，穗呈纺锤形，穗长16.3厘米，千粒重2.6克。米质糯性，刺毛黄色，黄谷黄米，穗大，籽粒饱满，成熟度好，抗逆性强。春、夏播兼用，灌浆速度快。适宜种植在弯地，不宜种垴地。

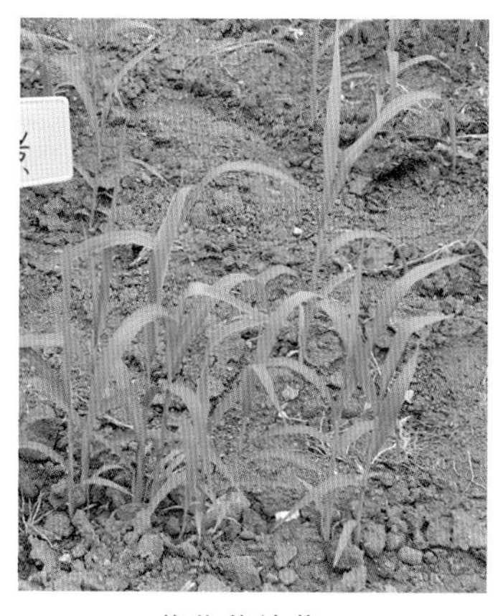

落花黄幼苗

落花黄生长期

落花黄穗部

11. 山西一尺黄

（1）种植历史及由来：该品种引至山西。穗有1尺*长，谷米是黄色的，称山西一尺黄。

（2）主要特征特性：幼苗叶片、叶鞘绿色，主茎高140厘米左右，主茎20 ~ 21节，成株叶片绿色，叶相披散，穗呈长条形，穗长34厘米，直径1.5厘米，千粒重3.2克。适时收获，避免风磨鸟啄造成损失。

山西一尺黄种子

山西一尺黄幼苗

山西一尺黄穗部

12. 白苗毛谷

（1）种植历史及由来：当地传统农家品种。

（2）主要特征特性：幼苗叶片、叶鞘绿色，主茎高150厘米左右，无分蘖，主茎20 ~ 21节，成株叶片绿色，叶相披散，穗呈长条形，穗长26厘米，千粒重3克。黄谷黄米，一般亩产225公斤。

* 尺为非法定计量单位，3尺=1米。——编者注

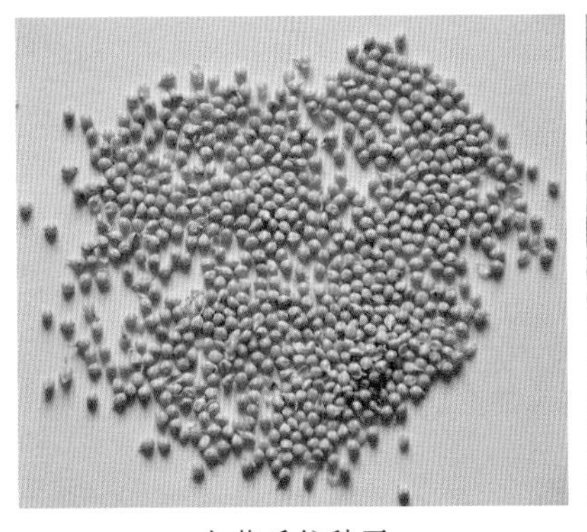
白苗毛谷种子

白苗毛谷幼苗

白苗毛谷穗部

13. 老谷子

（1）种植历史及由来：老谷子是当地传统农家品种，种植年限比较久远，记不清是什么品种，就把它叫做老谷子。

（2）主要特征特性：幼苗红色，白谷黄米，千粒重2.6克。秆软易倒伏，适宜种植在坡地或垴地。

老谷子种子

老谷子幼苗

老谷子生长期

老谷子穗部

收获谷子——切谷

14. 红谷

红谷种子

（1）种植历史及由来：红谷，原名冀谷19，是河北省农林科学院谷子研究所培育品种，1997年前后引入王金庄。

（2）主要特征特性：幼苗绿苗，株高90厘米，秆粗、叶厚，叶肥，千粒重2.9克。谷码紧凑，穗红色、长14 ～ 15厘米。每亩留苗四五万株，一般亩产200多公斤。红谷黄米，米粒小，好煮。早熟，播种宜晚不宜早，播种太早，易感染谷瘟病。

红谷苗期

红谷生长期

红谷穗部

15. 黄谷

（1）种植历史及由来：王金庄种植的一个传统农家品种。

（2）主要特征特性：幼苗绿色，株高1.38米左右，穗长20 ～ 25厘米，黄谷黄米，千粒重2.7 ～ 2.8克。黄谷属于晚谷，适宜在立夏以后播种，每亩留苗3万株。

黄谷种子

黄谷幼苗

黄谷生长期

黄谷穗部

16. 狗蹄红软谷

（1）种植历史及由来：据1986年《河北谷子品种志》记载：狗蹄红软谷，该品种原产邯郸地区西部山区，在各县都有种植，但多集中在西部山区，种植面积不大。

（2）主要特征特性：幼苗叶片、叶鞘均为绿色，幼茎扁圆，主茎高167厘米，17～18片叶，成株叶绿色，叶相披散，成熟时穗码红色，穗长19.1厘米，穗端部猫爪形分枝，形似狗蹄，刺毛中长，略带红色，花药红色，谷粒圆形，一般亩产150公斤。红谷黄米，米质糯性、香黏，食味好，可做糕食。

狗蹄红软谷米粒与种子

狗蹄红软谷幼苗

狗蹄红软谷生长期

狗蹄红软谷穗部

（二）黍

黍现在种植较少，但每年总有一部分种植，一是一些传统仪式中配五谷离不了，二是要用黍的穗码发笤帚，三是用黍作药用。黍能用于烦渴、泻痢、呕逆、咳嗽、胃痛、小儿鹅口疮、疮痈、烫伤等食疗。

黍种子

（1）种植历史及由来：黍，民间称为黍子、黍谷，是一个种植历史悠久的传统作物。

（2）主要特征特性：株高1.1米，秆软，易倒伏。黍籽粒淡黄色，米粒比谷子米粒大，千粒重5.4克，种子不易保存。生育期短，叶细长而尖，叶片有平行叶脉。黍对土壤适应性广。籽粒脱壳即成黍米，呈金黄色，具有黏性，又称黄米，用做年糕面来食用，也可用黍酿制米酒。穗去籽粒后，可做笤帚。

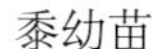

黍幼苗

黍生长期

黍穗部

（三）大豆

大豆是一种神奇的作物，它原产于我国，耐旱、耐瘠薄，种植大豆能养地，为下茬作物提供良好的土壤环境。大豆还是梯田系统村民的主要蛋白质来源，豆类在滋养贫瘠的旱作梯田的同时，也在养育着这里梯山为田的人民。

根据豆皮的颜色有黄豆、黑豆、青豆、小黑脸青豆等十余种。其中黄豆种植面广，用途多，可单独种植，也可与玉米、高粱等套种。目前涉县旱作梯田仍然保留着11个大豆农家品种。其中的小白豆，已无人种植，收集到的种子也已失去活力。

1. 小黑脸青豆

小黑脸青豆的籽粒

（1）种植历史及由来：种皮为青绿色，嫩荚时的豆粒全青色，成熟后种脐两边有黑斑，当地形象地称其为“小黑脸青豆”。具有独特的食用风味，是王金庄特有的传统农家品种。

（2）主要特征特性：小黑脸青豆株高50厘米左右，千粒重136克。耐贫瘠，病虫害少，宜套作。品质好，是做豆芽的首选豆类，可磨成豆面，做杂面条、抿节等，也可煮豆浆，做豆腐，炒豆子。

小黑脸青豆的花

小黑脸青豆的植株

小黑脸青豆的荚

2. 小黑豆

（1）种植历史及由来：小黑豆具有独特的食用风味和保健价值，是王金庄传统农家品种。

（2）主要特征特性：小黑豆株高70 ~ 80厘米。茎粗壮，直立，土壤肥沃时上部近缠绕状，种皮黑色、光滑，千粒重102克，椭圆形。5月上旬播种，9月中下旬收获。生长快，耐贫瘠，宜套作。小黑豆品质好，营养高，而且有一定的食疗作用。

小黑豆籽粒

小黑豆花

小黑豆荚

小黑豆成熟期植株

小黑豆幼苗

小黑豆荚、粒

3. 二黑豆

二黑豆籽粒

（1）种植历史及由来：二黑豆豆粒比小黑豆大，形状近似大黑豆。

（2）主要特征特性：二黑豆株高约70厘米。茎粗壮，直立，种皮黑色、光滑，千粒重200克，近圆形。耐贫瘠，不耐旱，抗倒伏。可以磨成豆面、煮豆浆，也可以炒豆子。

二黑豆花

二黑豆幼苗

二黑豆荚

4. 大黑豆

大黑豆籽粒

（1）种植历史及由来：大黑豆是王金庄传统农家品种。

（2）主要特征特性：株高约50厘米。茎粗壮，直立，种皮黑色、光滑，千粒重243克，近圆形。大黑豆可以磨成豆面、煮豆浆，也可以炒着吃、煮着吃。也有一定的保健食疗作用，如孩子尿频时，常炒着吃，炒时把黑豆倒入铁锅，加少量水和盐，也可煮熟再加盐。

大黑豆荚、粒

大黑豆花荚

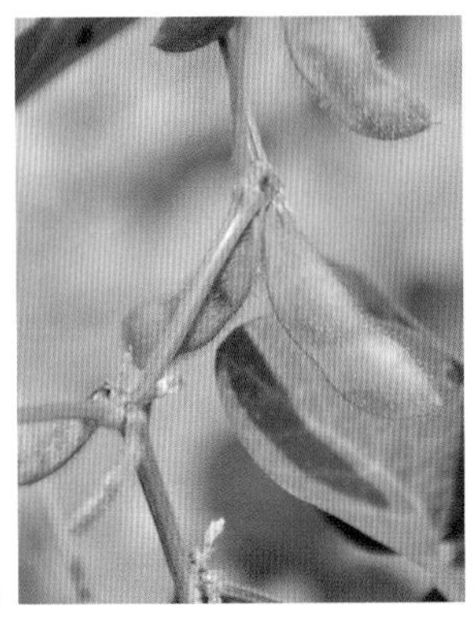
大黑豆荚

大黑豆植株

5. 大黄豆

(1) 种植历史及由来：大黄豆俗名稙黄豆，是王金庄传统农家品种。

(2) 主要特征特性：株高80 ~ 90厘米，豆荚5 ~ 6厘米。茎粗壮，直立。种皮黄色、光滑，千粒重258克，近圆形。大黄豆不耐贫瘠，易扯秧，可与其他作物轮作套种。大黄豆可以磨成豆面做面食，煮豆浆，煮饭，炒豆子，做豆腐，生豆芽等。

大黄豆籽粒

大黄豆荚、粒

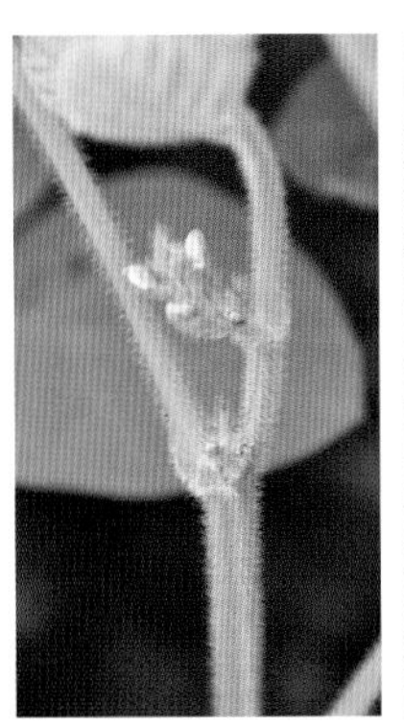
大黄豆花

大黄豆嫩荚

大黄豆植株

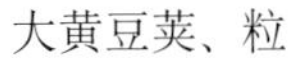

6. 二黄豆

(1) 种植历史及由来：二黄豆是王金庄传统农家品种。

(2) 主要特征特性：株高50 ~ 70厘米，豆荚3 ~ 5厘米。茎较纤细，直立，上部近缠绕状。种皮黄色、光滑，千粒重205克，长圆形。生育期短，易倒伏，易扯秧，可与其他作物轮作套种。二黄豆可以生豆芽，炒豆子，煮豆子，做豆浆等。

二黄豆籽粒　　二黄豆花　　二黄豆嫩荚

二黄豆成熟期　　成熟的二黄豆荚、粒　　二黄豆的荚

7. 小黄豆

(1) 种植历史及由来： 小黄豆是王金庄传统豆类农家品种。

(2) 主要特征特性： 株高80厘米，豆荚7.5厘米。茎粗壮，直立。种皮黄色、光滑，长圆形，千粒重142克。5月上旬（立夏左右）播种，9月（白露秋分）收获。耐贫瘠，可与其他作物轮作套种。小黄豆可以磨成豆面做面食，煮豆浆，煮饭，做豆腐，生豆芽等。

小黄豆籽粒　　小黄豆植株　　小黄豆成熟期

8. 大青豆

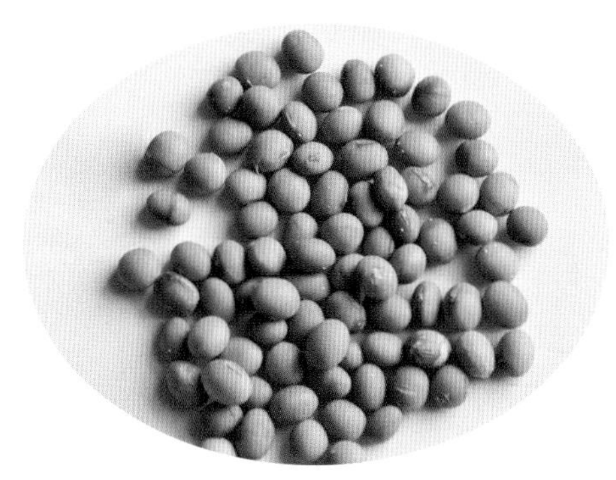
大青豆籽粒

（1）种植历史及由来：大青豆是王金庄传统豆类农家品种。

（2）主要特征特性：株高80厘米，豆荚4～5厘米。茎粗壮，直立。种皮青绿色有黑斑、光滑，千粒重242克，长圆形。种植大青豆有两种方式，一种是点播，一种是条播。点播也叫"玉米地里带青豆"，大青豆玉米间作，互不影响生长。条播主要是在堰边先种一行青豆，第二行种玉米。大青豆抗旱，耐贫瘠，病虫害少，但是产量低。用大青豆做成的豆沫汤风味独特。

9. 小青豆

（1）种植历史及由来：小青豆是王金庄传统农家品种。

（2）主要特征特性：株高70～80厘米，豆荚5厘米。茎粗壮，直立。种皮青绿色带黑斑、光滑，千粒重95克，椭圆形。5月播种，9月收获。小青豆耐贫瘠，病虫害少，可以与其他作物间作套种，产量低。小青豆可以生豆芽，煮粥，做豆腐，做豆浆、豆汁等。

小青豆籽粒

小青豆花

小青豆植株

小青豆嫩荚

（四）小豆

王金庄石厚土薄，地形复杂，部分坡地土层瘠薄，在沟堎边坡、石堰边、花椒树下，种植其他作物，几乎没有收成，但适宜种植小豆。小豆耐干旱，生长期短，是谷子、玉米等粮食的重要补充。王金庄种植小豆历史悠久，几乎家家户户都有种植。目前种植的小豆，按豆皮颜色分有杂小豆、红小豆、绿小豆、白小豆、花小豆（狸猫小豆）、褐小豆、黑小豆等7个农家品种。

1. 杂小豆

由红、绿、白、花、褐等对生长环境要求基本一致、生育期也基本一致的各色小豆混合种植、混合留种，甚至食用时也是混合食用的一类小豆，当地人称杂小豆，千粒重66.2克。多年的混合种植，还产生一个新的农家品种——黑小豆。

杂小豆籽粒

杂小豆苗期

2. 红小豆

（1）**种植历史及由来**：红小豆是当地传统农家品种。

（2）**主要特征特性**：株高40 ～ 50厘米，豆荚10厘米。花冠黄色，荚果圆柱形，含种子7 ～ 9粒，种子长圆形，通常暗红色，千粒重107.9克，种脐白，不凹陷。生长期短，病虫害少。红小豆口感好，品质佳，营养价值高，有一定的药用价值，用于利水消肿、解毒排脓等食疗。

红小豆籽粒

红小豆花

红小豆荚、粒

3. 绿小豆

（1）**种植历史及由来**：绿小豆是当地传统农家品种，种植历史悠久，几乎家家户户都有种植。

（2）**主要特征特性**：株高50～60厘米，豆荚10～12厘米。花黄色，荚果圆柱状，种子绿色，椭圆形，千粒重122.4克，两头截平或近浑圆，种脐不凹陷。生长期短，耐干旱，耐瘠薄，病虫害少，产量低。与白小豆、狸猫小豆、褐小豆等混种，俗称“杂小豆”可以提高产量。

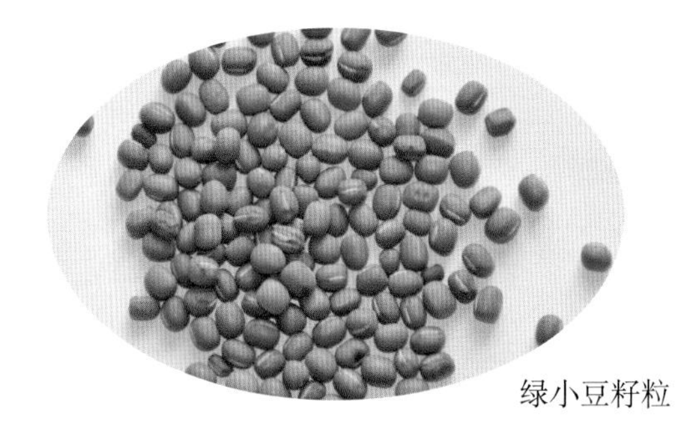
绿小豆籽粒

绿小豆花

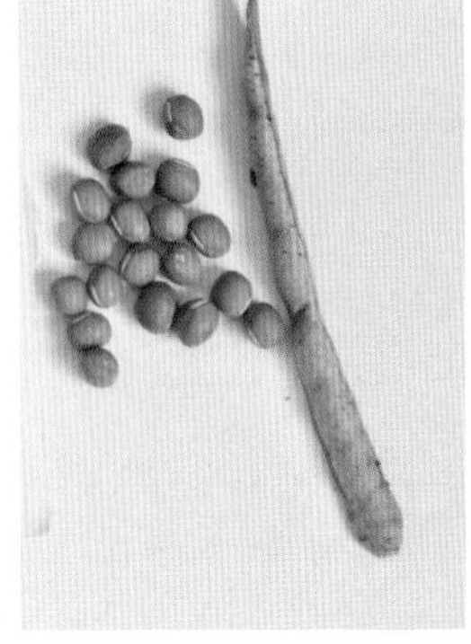
绿小豆豆荚、籽粒

绿小豆植株

绿小豆豆荚

4. 白小豆

（1）**种植历史及由来**：白小豆是当地传统农家品种，种植历史悠久。

白小豆籽粒

（2）**主要特征特性**：为无限结荚习性，半蔓生型，株高50～60厘米，叶片浓绿色，中等大小，圆形，荚成熟时呈黄白色，镰刀形，长7.9厘米，千粒重107.9克，籽粒黄白色，有光泽，短圆柱形，两头截平或近浑圆，种脐不凹陷。耐瘠薄、耐干旱，与红小豆、狸猫小豆等混种，也可以种在花椒树间。适

白小豆花

白小豆植株

白小豆荚

应范围广，适宜与玉米、谷子等作物间、套、混作，每亩留苗1.0万～1.2万棵。有一定的药用价值，可清热去暑。

5. 花小豆（狸猫小豆）

（1）种植历史及由来：花小豆，俗称狸猫小豆，是王金庄传统农家品种。

（2）主要特征特性：株高50～60厘米，豆荚8厘米。花黄色，荚果圆柱状，种子花褐色（狸猫色），椭圆形，千粒重68.2克，两头截平或近浑圆，种脐不凹陷。耐瘠薄、耐干旱，一般与红小豆、白小豆、褐小豆等混种。

花小豆籽粒

花小豆花

花小豆植株

花小豆田间

6. 褐小豆

（1）种植历史及由来：褐小豆是王金庄传统农家品种，种植历史悠久。

（2）主要特征特性：株高50～60厘米，豆荚8厘米。花黄色，荚果圆柱状，种子褐色，椭圆形，千粒重78.8克，两头截平或近浑圆，种脐不凹陷。生育期短，经常与红小豆、白小豆、狸猫小豆等混种。

褐小豆籽粒

褐小豆花

褐小豆植株

褐小豆荚

7. 黑小豆

（1）种植历史及由来： 是从当地种植的杂小豆中筛选出的一个遗传变异品种。

（2）主要特征特性： 黑小豆生育时期、对种植环境的要求，与杂小豆基本一致，只是豆皮颜色呈黑脸色，故称黑小豆。2020年李为青首次从杂小豆中选出的一个小豆变种，当年单粒播种，收获种子后，当年表现遗传稳定，于2021年继续扩大种植，发现遗传基础继续稳定、长势长相一致，只是豆皮颜色变出黑亮色，千粒重116.2克。

黑小豆籽粒

黑小豆花

黑小豆植株

黑小豆荚

8. 狸麻小豆（短豇豆）

（1）种植历史和特点： 狸麻小豆是王金庄传统农家品种，种植历史悠久，几乎家家户户都有种植。

（2）主要特征特性： 狸麻小豆也称短豇豆，外形酷似小石子，故也称硬石子小豆。株高70厘米，豆荚10 ~ 16厘米，花、果期夏季。成熟后荚果不开裂，从花梗处断开，

狸麻小豆籽粒

狸麻小豆花

狸麻小豆嫩荚

整个荚果掉落；种子稍肾形，豆粒的色泽表现为斑纹，千粒重121.5克。耐瘠薄、耐干旱，可与其他作物间作，病虫害少。狸麻小豆口感好，品质佳，可掺入小米中做豆籽饭、煮汤、煮粥等。

狸麻小豆的茎

狸麻小豆植株

狸麻小豆成熟荚

（五）赤豆

赤豆属一年生直立草本，花萼淡绿色，短钟形，花冠蝶形黄色。荚果细瘦，有种子6～10粒，种子长椭圆形，狭窄，暗红色，种脐凹陷。赤小豆可用于中药，常与红豆混用，可整粒食用，或用于煮饭、煮粥、做赤豆汤，具有消水肿、通乳汁、通便减肥等功效。目前有两个农家品种：种皮红色为赤小豆，种皮黄色俗称南豆。

1. 赤小豆

（1）种植历史及由来：赤小豆是王金庄传统农家品种，种植历史悠久，几乎家家户户都有种植。

（2）主要特征特性：株高70厘米，花黄色，荚果线状圆柱形，下垂，种子6～10粒，长椭圆形，暗红色，千粒重92.8克，种脐凹陷。生长期短，耐瘠薄、耐干旱，可与小豆混种，病虫害少。赤小豆有一定的药用价值，有行血补血、健脾去湿、利水消肿之效。

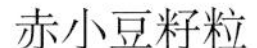

赤小豆籽粒

赤小豆花

赤小豆嫩荚

赤小豆植株

赤小豆开花期

2. 南豆

（1）种植历史及由来： 南豆是王金庄传统农家品种，种植历史悠久，几乎家家户户都有种植。

（2）主要特征特性： 株高50 ~ 60厘米，花黄色，荚果线状圆柱形，下垂，长6 ~ 10厘米，种子6 ~ 10粒，千粒重51.3克，长椭圆形，黄色，种脐凹陷。生长期短，耐瘠薄、耐干旱。南豆味甘微寒，有一定的药用价值，有解毒消炎、祛痰除湿之效。

南豆籽粒

南豆花

南豆荚粒

（六）绿豆

绿豆具有清热，消暑，利水，解毒之功效；用于暑热烦渴、感冒发热、霍乱吐泻、痰热哮喘、头痛目赤、口舌生疮、水肿尿少、疮疡痈肿、风疹丹毒、药物及食物中毒等食疗。

目前保存绿豆农家品种2个，分别是小绿豆、毛绿豆。

1. 小绿豆

（1）种植历史及由来： 小绿豆是王金庄传统农家品种，种植历史悠久，几乎家家户户都有种植，但因产量低、管理繁琐，种得很少，只保证自家食用。

（2）**主要特征特性**：株高70厘米，豆荚8～10厘米，千粒重62.2克，茎被褐色长硬毛。花黄绿色，荚果线状圆柱形，被淡褐色、散生的长硬毛，种子间多少收缩；种子8～14粒，种皮光滑，绿色或黄绿色，短圆柱形，种脐白色而不凹陷。生长期短，耐瘠薄、耐干旱，但是豆荚成熟期不一致，需要分批不定期采摘，病虫害少。

小绿豆籽粒

小绿豆植株

小绿豆花

小绿豆成熟荚

2. 毛绿豆

（1）**种植历史及由来**：毛绿豆是王金庄传统农家品种，种植历史悠久。

（2）**主要特征特性**：株高50～70厘米，豆荚8厘米，千粒重58.3克，茎被褐色长硬毛。花黄绿色，荚果线状圆柱形，被淡褐色、散生的长硬毛，种子间多少收缩；种子8～14粒，种皮被灰色毛，灰绿色，短圆柱形，种脐白色而不凹陷。毛绿豆抗病、耐瘠薄、耐干旱，豆荚成熟期不一致，需要分批不定期采摘，可与其他作物间作，病虫害少。毛绿豆可清热解毒、消暑祛湿。

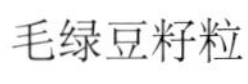
毛绿豆籽粒

毛绿豆花蕾

毛绿豆花

毛绿豆嫩荚

毛绿豆成熟荚

毛绿豆植株

（七）蚕豆

（1）种植历史及由来：王金庄种植蚕豆的历史不长，而且只有少数人有种植。

（2）主要特征特性：茎粗壮，株高50 ~ 80厘米，豆荚10 ~ 16厘米。花冠白色，具紫色脉纹及黑色斑晕；荚果肥厚，长5 ~ 10厘米，表皮绿色被茸毛，内有白色海绵状，成熟后表皮变为黑色。种子2 ~ 4粒，长方圆形，种皮革质，青绿色，灰绿色至棕褐色，稀紫色或黑色。蚕豆6月上旬播种，9月下旬收获。可与其他作物间作，病虫害少。

蚕豆籽粒

（八）玉米

玉米在涉县明末清初才开始种植，但是种植面积不大。1940年抗日战争前种植的品种有笨玉米、二糙的、小三糙玉米等。抗日战争时期，八路军一二九师进驻涉县，时任一二九师生产部部长张克威引进推广金皇后，玉米种植面积开始扩大。1949年新中国成立后，涉县玉米生产迅速发展。播种面积达到8.5万亩，亩产量50公斤左右。1971—1979年，玉米双交种开始推广，1980年以后单交种逐渐推广，2000年以后，高油、甜玉米、大穗玉米等玉米品种开始引进种植。

目前在梯田系统主要的传统品种有白马牙、金皇后、二马牙、三糙黄、三糙白等。按颜色分黄、白、紫三种；按节令有植晚之分。

1. 金皇后

（1）种植历史及由来：金皇后好吃、品味佳，一直受到村民喜爱，即使在大面积推广杂交种时期，村民也在偏远的山地梯田自留种种植一些，以供自家食用。目前全村大约有200余户，种植100余亩。

金皇后玉米籽粒

（2）**主要特征特性**：植株高大，生长势强，株高300 ~ 320厘米，穗位140 ~ 150厘米，主茎叶片22 ~ 24片，穗轴紫色，果穗长度30 ~ 35厘米，穗行8 ~ 10行，籽粒黄色或金黄色，马齿型，千粒重350克左右。生育期140天左右，喜肥水，不宜密植。一般与谷子轮作，亩产225 ~ 300公斤。

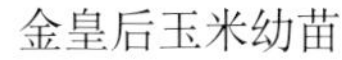
金皇后玉米幼苗

金皇后玉米植株

金皇后玉米穗部

2. 三糙黄

三糙黄玉米穗

（1）**种植历史及由来**：三糙黄，又名寒头狼、小黄玉米等，1981年河北省农作物研究所征集于涉县。现留种人鹿头乡符山窑村李花元讲述：三糙黄早熟，较耐干旱、耐瘠薄，食用品质好，曾被群众广泛种植。20世纪50年代以后大部分被白马牙、二马牙、金皇后取代，到20世纪80年代初，作为抗旱备荒品种仍有小面积种植。

（2）**主要特征特性**：株高200 ~ 220厘米，穗位85 ~ 90厘米，主茎17 ~ 19片叶，叶片较窄而上冲，株型较紧凑，果穗锥形，穗长14厘米左右，穗粗3.8厘米左右，穗行数12 ~ 18行，结实性好，籽粒暗黄色，硬粒型，穗轴以白色为主，少数为红色，千粒重185克，一般亩产100 ~ 150公斤。

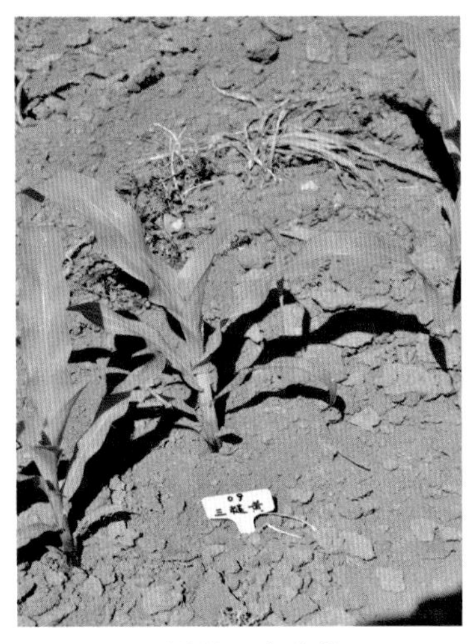

三糙黄玉米幼苗

三糙黄玉米苗期

三糙黄玉米抽雄期

3. 三糙白

（1）种植历史及由来： 三糙白，为当地传统农家品种。1981年河北省农作物研究所征集于涉县，分布于涉县、武安一带，为当地农家品种。20世纪50年代以后大部分被白马牙、二马牙、金皇后取代，到80年代初，作为抗旱备荒品种仍有小面积种植。现留种人鹿头乡符山窑村李花元讲述：该品种早熟，较耐干旱、耐瘠薄，食用品质好，曾被群众广泛种植。

（2）主要特征特性： 植株矮小，株高140 ～ 190厘米，穗位70 ～ 85厘米，主茎16片叶，果穗锥形，穗长12 ～ 14厘米，籽粒白色，硬粒型，穗轴白色，千粒重170克，早熟，一般亩产100 ～ 150公斤。

三糙白玉米穗

三糙白玉米幼苗

三糙白玉米植株

4. 白马牙

白马牙玉米籽粒

（1）种植历史及由来：王金庄于20世纪50年代后期开始种植白马牙，因白马牙色泽白，一直受到村民喜爱，即使在大面积推广杂交种时期，村民也在偏远的山地梯田自留种种植，以供自家食用。目前王金庄约有300余户种植，面积约200余亩。

（2）主要特征特性：株高300 ~ 330厘米，果穗长度28 ~ 30厘米左右，穗行8行，籽粒马齿型，籽粒白色，粒大，千粒重493.4克。晚熟，播种时间一般在4月中旬至5月上中旬，收获时间9月下旬，生育期130 ~ 140天，一般亩产225 ~ 300公斤。该品种籽粒皮薄肉厚，有一种特殊香味，是村民主要食用的粗粮。

白马牙玉米幼苗

白马牙玉米植株

白马牙玉米穗部

5. 大紫玉米

大紫玉米籽粒

（1）种植历史及由来：该品种又叫老红玉米，是王金庄村传统农家品种。目前王金庄约有80余户种植，面积约50亩。

（2）主要特征特性：株高280 ~ 320厘米，果穗长度28 ~ 30厘米，穗行8 ~ 10行，籽粒马齿型，粒色紫红色。千粒重423克。生育期较长，有130 ~ 140天。一般亩产300 ~ 350公斤。播种时间一般在谷雨前后，收获时间9月下旬。口感极佳，既软又嫩，还有一种特殊的清香。

大紫玉米幼苗

大紫玉米植株

大紫玉米穗部

6. 老白玉米

（1）种植历史及由来：老白玉米是从当地种植的白马牙品种中选出来的。目前种老白玉米的有70户，种植面积约60亩。

老白玉米籽粒

（2）主要特征特性：株高2.8 ～ 3.2米，穗长28厘米左右，籽粒硬粒型，籽粒白色。生育期130 ～ 140天，一般亩产约200 ～ 250公斤。种植时密度不能大，一般采用株行距0.6米×0.8米。该品种穗小，但籽粒硬，味道清香。常和白面掺在一起，制作各种面食。

老白玉米幼苗

老白玉米穗

老白玉米植株

老白玉米抽雄期

7. 老黄玉米

（1）种植历史及由来：老黄玉米是在种植金皇后过程中，由于长期自留种子，产生的变异品种。目前种老黄玉米的有70户，种植面积约50亩。

（2）主要特征特性： 株高3米，穗长20厘米，穗位190厘米，籽粒硬粒型，籽粒金黄色或黄色。生育期130 ～ 140天，一般亩产约250公斤。该品种籽粒硬、品质好，面色好。

老黄玉米籽粒

老黄玉米幼苗

老黄玉米穗

老黄玉米植株

8. 小紫玉米

（1）种植历史及由来： 该品种是从三糙黄中分离出来的，作为抗旱备荒品种，只有小面积种植。

（2）主要特征特性： 植株矮小，株高140 ～ 160厘米，穗位85厘米，主茎16片叶，果穗锥形，穗长13 ～ 15厘米，穗粗3.2厘米左右，穗行数12 ～ 14行，籽粒紫色，硬粒型，千粒重156克。一般亩产100 ～ 150公斤。早熟，较耐旱、耐瘠薄，食用品质好。

小紫玉米的穗

小紫玉米幼苗

小紫玉米植株

（九）高粱

高粱，别称蜀黍，按性状及用途可分为食用高粱、糖用高粱、帚用高粱等。通过选择形成了粒用种、酿造用种、饲用种、糖用种、帚用种、秆用种等。

《农政全书》（明·徐光启）载：高粱"其子作米可食，余及牛马，又可济荒。其茎可作洗帚，秸秆可织箔编席，夹篱供爨（cuàn），无有弃者。亦济世之一良谷，农家不可缺也。"

高粱耐旱、耐瘠薄，适合王金庄石厚土薄，十年九旱自然地理环境，也能适应非耕地贫瘠的荒坡地。王金庄目前保留和种植的高粱主要是帚用高粱，其穗可制笤帚或炊帚，如绑刷子、扫帚；穗下颈可编织小筐、锅盖等手工艺品，籽粒用于喂驴。目前的品种有高秆高粱、扫帚高粱、红高粱、白高粱、齐头高粱、黑壳高粱等品种。种植高粱，一般与玉米套种，春耕时先把高粱撒播在地里，叫"玉米地里带高粱"。

1. 高秆高粱

（1）种植历史及由来：高秆高粱是王金庄传统农家品种。

（2）主要特征特性：幼苗子叶、叶鞘绿色，成株叶绿色，秆高3.5 ~ 4.0米，松散型穗，穗下颈50 ~ 60厘米，穗头较齐，小穗码颈长，籽粒色白，颖壳黑褐色，千粒重27.9克。茎秆直长，高粱穗大小适中。

高秆高粱籽粒

高秆高粱幼苗

高秆高粱穗部

高秆高粱植株

2. 扫帚高粱

（1）种植历史及由来：扫帚高粱是王金庄传统农家品种。

（2）主要特征特性：幼苗子叶、叶鞘紫红色，成株叶绿色，秆高3.5 ~ 3.8米，松散型穗，穗下颈50 ~ 60厘米，穗头较齐，小穗码颈长，籽粒白色，颖壳黄褐色，千粒重21.4克。籽粒饱满，刷毛优良，秆粗壮，不易倒伏。

扫帚高粱籽粒

扫帚高粱幼苗

扫帚高粱植株

扫帚高粱穗部

3. 红高粱

(1) 种植历史及由来：红高粱是王金庄传统农家品种。

(2) 主要特征特性：幼苗子叶、叶鞘紫红色，成株叶绿色，秆高3.5 ~ 3.8米，穗型紧凑，穗下颈50 ~ 60厘米，穗头不齐，千粒重28.2克，籽粒红色，颖壳紫黑色。白米，米壳黄褐色。其秆径细长，高粱穗部分适合制作碾米时所用的刷码扫帚。

红高粱籽粒

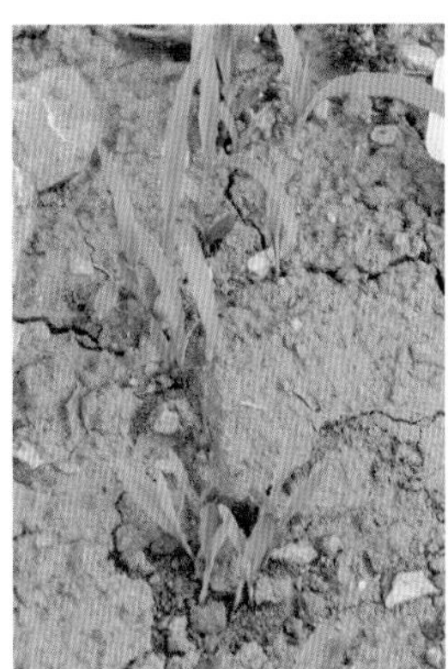

红高粱幼苗

红高粱植株

红高粱穗部

4. 白高粱

(1) 种植历史及由来：白高粱是王金庄传统农家品种。

(2) 主要特征特性：幼苗子叶、叶鞘绿色，穗型紧凑，穗下颈50 ~ 60厘米。白米，果实白灰色，颖壳黄褐色，千粒重13.7克。

白高粱籽粒

白高粱幼苗

白高粱穗部

5. 黑壳高粱

（1）种植历史及由来：黑壳高粱是王金庄传统农家品种。

（2）主要特征特性：幼苗子叶、叶鞘浅红色，叶色绿，穗型紧凑，穗下颈50 ～ 60厘米，穗头不齐。白米，果实黄褐色，颖壳黑色，千粒重27.7克。

黑壳高粱籽粒

黑壳高粱幼苗

黑壳高粱植株

黑壳高粱穗部

6. 齐头高粱

（1）种植历史及由来：齐头高粱是王金庄传统农家品种。

（2）主要特征特性：齐头高粱幼苗子叶、叶鞘绿色，叶片绿色，白米，果实红褐色，颖壳红色，千粒重23.1克。穗下颈50 ～ 60厘米，穗头较齐，小穗码颈长。

齐头高粱籽粒

齐头高粱幼苗

齐头高粱植株

齐头高粱穗部

7.红秆高粱

（1）种植历史及由来：红秆高粱是王金庄传统农家品种。

（2）主要特征特性：幼苗子叶、叶鞘红色，叶片绿色，松散型穗，穗下颈50 ～ 60厘米，穗头较齐。白米，果实黄褐色，颖壳黄褐色，千粒重29.7克。

红秆高粱幼苗

红秆高粱植株

红秆高粱穗部

（十）甘薯

甘薯也称红薯。1947年在涉县农场试种成功，之后迅速普及全县。每年进入惊蛰节令开始育苗，在立夏前后插秧种植。插秧前先整地，施底肥，耕耪，做畦。插秧时从甘薯畦上隔30厘米刨一个小坑，倒上水，水下渗后，插入秧苗，捧土摁好。随后视田间情况薅草、中耕、翻秧。霜降节后采挖。

甘薯具有补中和血，益气生津，宽肠胃，通便秘之功效；用于脾虚水肿、便秘、疮疡肿毒、大便秘结等食疗。其吃法有多种，主要鲜吃，稀饭锅煮着吃，笼蒸着吃，锅里扣个碗馏着吃，掺上白面煮油糕吃。做成粉条，擦成片晒干后磨成面，和成团蒸熟后，压成饸饹吃，掺上玉米面、高粱面蒸成窝头吃。

梯田甘薯

梯田甘薯

（十一）马铃薯

马铃薯又名土豆、山药蛋。为粮菜兼用品，适合地势较高的坡地种植。所以故有“岭头山药村边麻”之说。传统品种主要有椭圆形紫土豆、白土豆。春天种植前先整地，开沟，施底肥，下种。出苗后适时中耕，锄草。土豆有一定药用价值，有和胃健中，解毒消肿之效；用于胃痛、痄腮、痈肿、湿疹、烫伤等食疗。

1. 紫土豆

（1）种植历史及由来：紫土豆，俗称紫山药，是王金庄传统农家品种。

（2）主要特征特性：块茎长椭圆形，薯皮深紫色，肉白色带紫色条纹，茎直立、紫色，开白花。抗病性好，一般亩产500多公斤。口感绵柔，适合做大锅菜、蒸着吃或和小米一起煮粥。

紫土豆

紫土豆开花期

紫土豆生长期

2. 白土豆

（1）种植历史及由来：白土豆，俗称白山药，是王金庄传统农家品种。

（2）主要特征特性：块茎椭圆形，薯皮黄褐色，肉白色，茎绿色，开白花。一般亩产500多公斤。口感脆，适合炒土豆丝吃。

蒸白土豆

炒土豆丝

白土豆生长期

（十二）山药（薯蓣）

（1）种植历史及由来：山药也称薯蓣，是王金庄传统农家品种。在梯田里有少量种植。

（2）主要特征特性：块茎长圆柱形，弯曲而稍扁，表面黄白色或棕黄色，有明显的纵沟，皱纹或平坦；质坚实而脆，易断，断面白色，颗粒状，粉性强，嚼之发黏。口感绵软，可以切片炒着吃，也可以煮着吃、蒸着吃。秧子上结的小山药蛋（零余子）也好吃。山药具有补气养血、疏风散邪等功效，主要用于对于身体虚弱的患者进行滋补，对长时间患病导致的气血虚弱、阴阳失调、患者自身的免疫力减低等有效。

山药的零余子

山药生长期

（十三）麻类

大麻

大麻仁

为传统纤维作物，其茎皮是传统纤维，用于织布、纺绳。

（1）**种植历史及由来**：大麻是王金庄传统农家品种。王金庄一般隔二三年就种一次，主要是自家有做绳子的农户种植。

（2）**主要特征特性**：一般株高200～240厘米，千粒重21.8克，亩产麻籽125公斤，产麻75公斤。小满种上，10月霜降后收割。有籽麻和花麻两种，籽麻留种，花麻只开花不结籽，花麻早熟，先收割，籽麻的收割季节在秋分。籽麻的麻籽可榨油，是常用中药火麻仁，具有润肠通便之功效；用于血虚精亏、肠燥便秘等治疗。

大麻的生长环境

大麻的雌株

大麻的雄株

（十四）芝麻

芝麻，又名脂麻、胡麻，是胡麻的籽种，为传统油料作物，具有较高的应用价值。它的种子含油量高达55%。榨取的油称为麻油、胡麻油、香油，特点是气味醇香，生用、热用皆可。目前，王金庄种植的芝麻有两个农家品种，白芝麻和黑芝麻。

1. 白芝麻

（1）**种植历史及由来**：白芝麻是王金庄传统农家品种。

（2）**主要特征特性**：花冠白色，常带紫色或黄色。蒴果长圆状筒形，有毛，种子黄白色或淡黄色，千粒重2.9克。

白芝麻籽粒

白芝麻幼苗

白芝麻花

白芝麻植株

2. 黑芝麻

（1）种植历史及由来：黑芝麻是王金庄传统农家品种。

（2）主要特征特性：花冠白色，常带紫色或黄色。蒴果长圆状筒形，有毛，种子色黑，千粒重2.6克。具有补肾壮阳，益精血，润肠燥功效；用于精血亏虚、头晕眼花、耳鸣耳聋、须发早白、病后脱发、肠燥便秘等食疗。

黑芝麻籽粒

黑芝麻幼苗

黑芝麻植株

黑芝麻开花期植株

黑芝麻的花

黑芝麻的叶

（十五）花生

（1）**种植历史及由来**：花生是当地传统油料作物，也是当地的吉祥喜庆的象征，在传统婚礼中必不可少的“利市果”，寓意多子多孙、儿孙满堂。

（2）**主要特征特性**：花生花冠黄色或金黄色。荚果长圆柱形，含种子1～4粒，种子之间收缩，表面有明显的网状纹脉。其种子皮药用，称花生衣，有凉血止血，散瘀之功效；用于咯血、便血、衄血、崩漏等食疗。

花生果、仁

花生的花

（十六）荏子

荏子，又名白苏、油苏，是梯田传统的主要油料作物，种子及全草可入药，有降气祛痰，润肠通便之功效；用于咳逆、痰喘、气滞便秘等食疗。目前王金庄的荏子有灰荏子、黑荏子两个农家品种。

灰荏子籽粒

1. 灰荏子

（1）**种植历史及由来**：灰荏子是王金庄传统农家品种。

（2）**主要特征特性**：白花绿叶，分枝较少，出油率较高。

灰荏子植株

灰荏子花序

灰荏子生长环境

2. 黑荏子

（1）种植历史及由来：黑荏子是王金庄传统农家品种。

（2）主要特征特性：花白色，分枝较多，出油率较低。

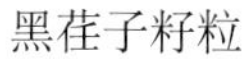
黑荏子籽粒

黑荏子植株

（十七）紫苏

（1）种植历史及由来：紫苏是近几年引进种植的。

（2）主要特征特性：叶子可食，全草也可入药。紫苏种子常用于榨油，其他部位可作药用。紫苏梗有理气宽中，止痛，安胎之功效。用于胸膈痞闷、胃脘疼痛、暖气呕吐、胎动不安等治疗。紫苏叶有解表散寒，行气和胃之效，用于风寒感冒、咳嗽呕恶、妊娠呕吐、鱼蟹中毒等治疗。紫苏籽有降气化痰，止咳平喘，润肠通便之效，用于痰壅气逆、咳嗽气喘、肠燥便秘等治疗。

紫 苏

（十八）蓖麻

（1）种植历史及由来：蓖麻是当地主要的经济油料作物。

（2）主要特征特性：要求早春顶垵早播种，植株高大，种子长圆形，光滑有斑纹，千粒重303克，花期5～8月，果期7～10月。其籽粒，可榨油，也可做药用，有泻下通滞，消肿拔毒之效；用于大便燥结、痈疽肿毒、喉痹、瘰疬等治疗。蓖麻种子含油量50%左右。蓖麻油为重要工业用油，是高级润滑油原料；还可作药剂，有缓泻作用。饼粉中富含氮、磷、钾，为良好的有机肥；经高温脱毒后可作饲料。茎皮富含纤维，为造纸和人造棉原料。

蓖麻籽粒

蓖麻果

蓖麻花序

蓖麻果序

蓖麻植株

（十九）烟叶

（1）**种植历史及由来**：烟草是当地一些吸食烟草者自种的传统作物，涉县王金庄种植的是晒烟类型的黄花品种。

（2）**主要特征特性**：株高1米左右，叶数14 ~ 16片，叶形椭圆形，叶色绿色，叶片较厚，圆锥花序顶生；花萼筒状或筒状钟形，花冠漏斗状，生育期100天左右。蒴果卵状或长圆状，长约等于宿存萼。种子圆形或宽圆形，褐色。烟草可入药具有行气止痛，燥湿，消肿，解毒杀虫之效；用于食滞饱胀、气结疼痛、关节痹痛、痈疽、疔疮、疥癣、湿疹、毒蛇咬伤、扭挫伤等治疗。

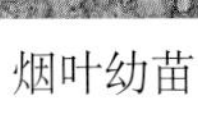

烟叶幼苗

烟叶花序

烟叶生长期

二、瓜果菜蔬

瓜果菜蔬，是旱作梯田系统一大类主要食物，当地农谚“糠菜半年粮”，形象地说明菜蔬在其食物中所占据的重要位置，当地至今仍种植和管理着丰富的菜蔬品种，包括豆类、瓜果类、茄果类、叶菜类、根茎类、葱蒜类等各类蔬菜。

（一）菜豆

菜豆俗称豆荚，其嫩荚或种子可作鲜菜，也可加工腌渍、晒干。菜豆的花冠有白色、黄色、紫堇色或红色等；荚果带形，稍弯曲；种子长椭圆形或肾形，白色、褐色、紫色或有花斑。种植方式也多种多样，既有单独种植在梯田石堰边，也有与玉米、花椒及其他高秆作物、树木间作套种。

现代医学认为，菜豆还含有皂苷、尿毒酶和多种球蛋白等独特成分，具有提高人体自身的免疫能力，增强抗病能力。菜豆所含的膳食纤维还可缩短食物通过肠道的时间，是一种难得的高钾、高镁、低钠食品，尤其适合心脏病、动脉硬化、高血脂、低血钾症和忌盐患者食用。

菜豆在王金庄梯田里广泛种植，主要品种有红没丝、黑没丝、菜豆角、紫豆角、花皮豆角等。菜豆播种可早可晚，正常年份，播种50天左右就开始结豆角，一直到寒露节，是人们餐桌上的主菜之一。菜豆食用方法很多，可做饭、炒菜，还能晒豆角干、煮豆粥，种子可以煮粥、做豆沙。

1. 红没丝

（1）种植历史及要求：红没丝也称黄没丝，是王金庄传统农家品种。种植对土地要求不高，耐干旱，而且非常适合种在田间地头、石堰根。清明后播种，生长时间长。藤蔓不长，前期结荚多。

（2）主要特征特性：荚果皮红花色，千粒重440克。品质好，肉厚绵软，豆粒饱满，口感佳，营养高。

红没丝豆籽

红没丝幼苗

红没丝结荚期

2. 黑没丝

黑没丝豆籽

（1）种植历史及要求：黑没丝是王金庄传统农家品种。对土地要求不高，适合种植于谷地堰根或堰边，间作套种均可。清明后播种，病虫害少，较晚熟。

（2）主要特征特性：种子黑花色，千粒重524克。品质好，肉厚绵软，豆粒饱满，口感佳，营养高。

黑没丝结荚期

黑没丝花、嫩荚

黑没丝干豆荚、籽粒

3. 菜豆角

（1）种植历史及要求：菜豆角也称肉豆角、小绿豆角，是王金庄传统农家品种。种植对土地要求不高，耐干旱，好管理，而且适宜与玉米套种。清明后至6月都可播种，生长时间长，病虫害少。

（2）**主要特征特性**：豆角带状，稍弯曲，肉厚，长8 ~ 15厘米，浅绿色略带褐色花纹，无毛。种皮灰色带黑褐色花纹，千粒重404克，椭圆形。

菜豆角籽粒

玉米地里的菜豆角

花椒树旁的菜豆角

4. 紫豆角

（1）**种植历史及要求**：紫豆角是王金庄传统农家品种。种植对土地要求不高，耐干旱，好管理，而且适宜与玉米套种。清明后至6月都可播种，收获从立秋处暑开始一直可到9月，生长时间长，病虫害少。

（2）**主要特征特性**：豆角长18 ~ 20厘米，暗紫色或红色，无毛。种皮乳白色带浅褐色斑点，千粒重421克，长圆形。

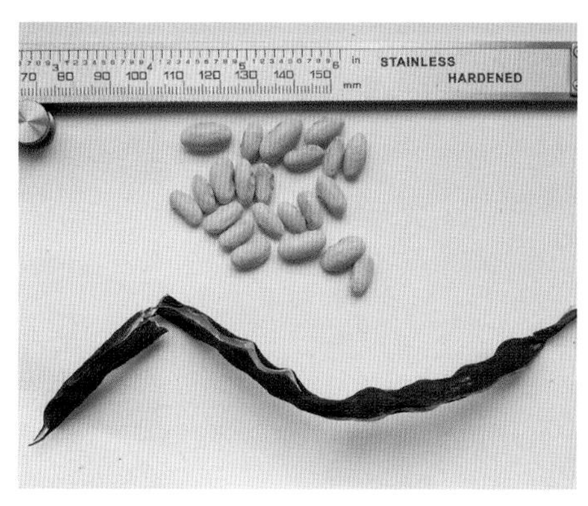

紫豆角豆籽

紫豆角花

紫豆角

5. 花皮豆角

（1）**种植历史及要求**：花皮豆角也叫绿花皮豆角、长绿豆角、绿花豆角等，是王金庄传统农家品种。种植对土地要求不高，耐干旱，好管理，而且适宜与玉米套种。适宜早春播种，生长时间长，收获晚。

（2）**主要特征特性**：豆角长20 ~ 25厘米，绿色带褐色花纹，皮厚籽小，稍肿胀，无毛。种皮白色带黑褐色花纹，千粒重376克，椭圆形。

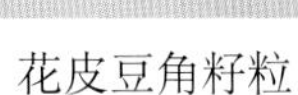
花皮豆角籽粒

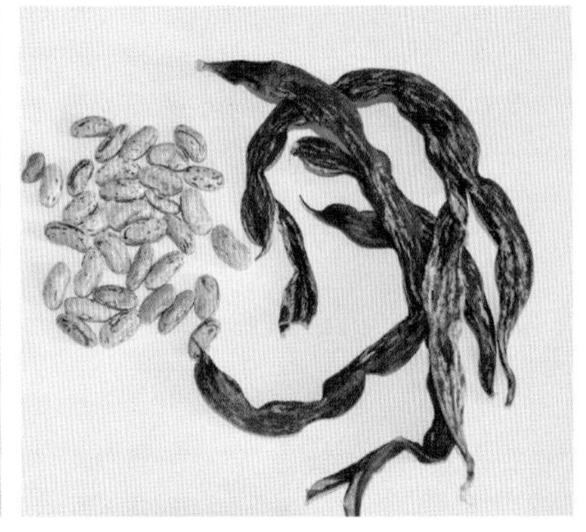
花皮豆角豆籽、干豆荚

花皮豆角

6. 绿豆角

（1）种植历史及要求：绿豆角是王金庄传统农家品种。宜与玉米套作，病虫害少。清明后播种，收获6月下旬开始一直到9月。

（2）主要特征特性：绿豆角长15厘米左右，绿色，无毛。种皮黑色，千粒重369克，长圆形。品质好，肉厚口感佳，还能晒豆角干。

绿豆角豆籽

石堰上的绿豆角

7. 小柴豆角

（1）种植历史及要求：种植对土地要求不高，耐干旱，好管理，而且适宜与玉米套种。清明播种，9月收获。

（2）主要特征特性：豆角长约15厘米，绿色，无毛。种皮灰色至褐色，千粒重370克，长圆形。小柴豆角只能吃嫩豆角或吃豆籽，老了豆荚皮柴不能吃，豆籽可煮粥、做豆沙等。

小柴豆角豆籽

小柴豆角幼苗

8. 老豆角

（1）种植历史及要求：老豆角是王金庄传统农家品种。种植对土地要求不高，耐干旱，好管理，而且适宜与玉米套种。从早春到晚春都可种植。

（2）主要特征特性：秧子长，豆角长约10 ～ 15厘米，种子绿色带褐色花纹。老豆角肉厚绵软，豆粒饱满，可做饭、炒菜，晒豆角干。

老豆角

老豆角籽粒

9. 地芸豆

（1）种植历史及要求：地芸豆是近年引进的豆角品种。一般早春种植，生长期短，早熟，上市早。

（2）主要特征特性：不扯秧，豆角长10 ～ 15厘米，绿色。结果期短，可作为早春应季蔬菜。

地芸豆植株

（二）扁豆角

扁豆角，全株无毛，茎长可达6米，常呈淡紫色，花萼宽钟状花冠蝶形，白色或紫红色。荚果倒卵状长椭圆形，扁平；花有红白两种，豆荚有绿白、浅绿、粉红或紫红等，种子扁椭圆形。嫩荚作蔬菜，品质好，口感佳，营养高，茎叶还可做饲料。

1. 紫扁豆角（紫眉豆）

（1）种植历史及要求：紫扁豆角是王金庄传统农家品种。一般种在田间地头、石堰根，利用梯田地堰，豆角秧顺堰攀爬，不用搭架。5月播种，9月至10月上中旬收获，抗寒耐旱，病虫害少，结荚晚。

（2）主要特征特性：花紫色，豆角弯月形，长8 ~ 12厘米，肉厚绵软。种子扁圆，黑色，千粒重377克，种脐线形、白色。

紫扁豆角豆籽

紫扁豆角花、嫩荚

紫扁豆角

紫扁豆角生长环境

2. 紫荆扁豆

（1）**种植历史及要求**：紫荆扁豆是王金庄传统农家品种。一般种在田间地头、石堰根，利用梯田地堰，豆角秧顺堰攀爬，不用搭架。5月播种，9月至10月上中旬收获，抗寒耐旱，病虫害少。

（2）**主要特征特性**：花淡紫色，豆荚大、长圆状镰形，浅绿色、紫色边缘，长10 ~ 15厘米。种子扁圆，长椭圆形，千粒重466克。品质好，口感佳。

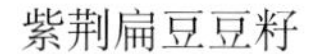
紫荆扁豆豆籽

紫荆扁豆豆角、花

3. 白花绿眉豆角

（1）**种植历史及要求**：白花绿眉豆角也叫绿扁豆角，是王金庄传统农家品种。一般种在田间地头、石堰根，利用梯田地堰，豆角秧顺堰攀爬，不用搭架。5月播种，9月至10月上中旬收获，抗寒耐旱，病虫害少。

（2）**主要特征特性**：白花绿眉豆角有白花和紫花两种。扁豆角长圆形，像镰刀，浅绿色，长10 ~ 12厘米。种子扁圆，长椭圆形，黑籽，千粒重402克，种脐线形、白色。

白花绿眉豆角籽粒

白花绿眉豆角籽粒与豆荚

白花绿眉豆角生长环境

白花绿眉豆角的花和嫩豆角

4. 紫花绿扁豆角

(1) 种植历史及要求： 紫花绿扁豆角是王金庄传统农家品种。一般种在田间地头、石堰根，利用梯田地堰，豆角秧顺堰攀爬，不用搭架。5月播种，9月到10月上中旬收获。

(2) 主要特征特性： 花淡紫色，扁豆角长圆状镰形，浅绿色，长10 ~ 12厘米；种子扁圆，长椭圆形，千粒重597克，黑籽，种脐线形、白色。可炒菜，可做包子馅或饺子馅，还可晒扁豆角丝。

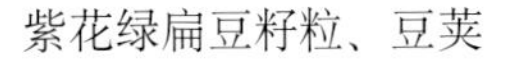
紫花绿扁豆籽粒、豆荚

紫花绿扁豆角花、豆荚

紫花绿扁豆角生长环境

5. 小扁豆角

(1) 种植历史及要求： 小扁豆角是王金庄传统农家品种。一般种在田间地头、石堰根，利用梯田地堰，豆角秧顺堰攀爬，不用搭架。抗寒耐旱，病虫害少。5月播种，9月至10月上中旬收获，结荚晚。

(2) 主要特征特性： 花淡紫色，豆角绿白或乳白色，豆角小但肉厚好吃，长6 ~ 8厘米，果皮光滑；种子扁圆，长椭圆形，千粒重350克，红褐色，种脐线形、白色。小扁豆角好吃，豆粒饱满。

小扁豆角籽粒

小扁豆角

（三）豇豆

豇豆，俗称长豆角。可做饭、炒菜、拌凉菜，还能晒干豆角。花大，淡蓝紫色；荚果圆柱形，种子多数，肾形。种子入药有补中益气、健脾益肾之效。豇豆荚果长下垂，嫩时多少膨胀。依荚的色泽可大致分为绿皮种（淡绿色）、红皮种两种。

1. 绿豇豆

（1）**种植历史及要求**：绿豇豆，俗称长豆角，是王金庄传统农家品种。可利用梯田石堰、堰根或堰边栽种，也可与玉米套种。5月播种，可收获到9月，生长时间长，耐旱。

（2）**主要特征特性**：荚果线形，下垂，绿色，无毛，长20 ~ 40厘米。种子圆柱形，黑色。

绿豇豆豆籽

绿豇豆豆荚

绿豇豆荚花

2. 紫豇豆

（1）**种植历史及要求**：紫豇豆，俗称紫长豆角，是王金庄传统农家品种。可利用梯田石堰、堰根或堰边栽种，也可与玉米套种。5月播种，可收获到9月，生长时间长。

紫豇豆豆籽

紫豇豆豆角

（2）**主要特征特性**：荚果线形，下垂，暗红色，无毛，长15～20厘米。种子稍肾形，暗红色，千粒重75.6克。品质好，口感佳，营养高，可做饭、炒菜、拌凉菜，还能晒干豆角。

（四）瓜类

南瓜是一类营养丰富且具有重要保健功能的蔬菜。南瓜的幼苗可入药。南瓜子有杀虫、下乳、利水消肿之效；用于驱除绦虫、蛔虫、血吸虫、钩虫、蛲虫病等寄生虫，用于产后缺乳、产后手足水肿、百日咳、痔疮等治疗。盘肠草可祛风，止痛；用于小儿盘肠气痛、惊风、感冒、风湿热等治疗。

南瓜花冠黄色，瓠果形状多样，外面常有纵沟。种子多数，长卵形或长圆形，灰白色。由于长期自留种，形成多个农家品种。

1. 饼瓜

（1）**种植历史及要求**：饼瓜是王金庄传统农家品种。种植对土壤要求不高，适应王金庄梯田山高坡陡、雨水较少的自然环境。

（2）**主要特征特性**：形状扁圆形，类似磨盘的形状，瓜直径约30厘米左右。饼瓜盛果期长，在冬天储藏于地窖中可一直吃到第二年春天。冬天可以做饼瓜稠饭，一些被冻坏、磕伤的饼瓜也被用作喂驴的饲料。

饼瓜籽粒

饼 瓜

饼 瓜

2. 长南瓜

（1）**种植历史及要求**：长南瓜，晚熟，是王金庄传统农家品种。可利用梯田石堰、堰根或堰边栽种，也可与玉米套种。

（2）**主要特征特性**：长筒形，底部较膨大，果肉是最粗糙的一种。从发芽到瓜熟约110天至120天的时间，重量可达15多公斤。秋天的长南瓜可以刮成长南瓜片，晾干成南瓜干，作为冬天和翌年开春的重要干蔬菜，是山区人重要的过冬干蔬菜。可以炒

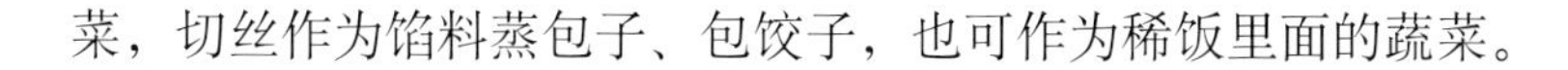
菜，切丝作为馅料蒸包子、包饺子，也可作为稀饭里面的蔬菜。

长南瓜

3. 老来青

（1）种植历史及要求： 老来青是王金庄传统农家品种。可利用梯田石堰、堰根或堰边栽种，也可与玉米套种。

（2）主要特征特性： 老来青南瓜以成熟后瓜皮仍呈青色，称“老来青”，扁圆形。

老来青南瓜

老来青南瓜生长环境

4. 葫芦南瓜

（1）种植历史及要求： 葫芦南瓜是王金庄传统农家品种。可利用梯田石堰、堰根或堰边栽种，也可与玉米套种。

（2）主要特征特性： 果皮为黄色带花纹，果肉为红黄色，产量高。种子千粒重约159.6克。口感好，甜中带面。主要用于炒菜做饭。

葫芦南瓜

葫芦南瓜生长环境

5. 老来黄南瓜

(1) 种植历史及要求：老来黄南瓜是王金庄旱作梯田的传统瓜类种植品种之一，种植历史悠久，是瓜类蔬菜的重要农家品种。

(2) 主要特征特性：瓜皮黄褐色，瓜肉黄色，吃起来绵软。

老来黄南瓜

老来黄南瓜片

老来黄南瓜籽粒

6. 丝瓜

(1) 种植历史及要求：丝瓜是王金庄传统农家品种。种植历史悠久，多种于田间地头和房前屋后，需要搭棚种植，方便长丝瓜的生长。当雨水充足，肥力足够时，丝瓜可长40 ～ 50厘米，是瓜类蔬菜的重要农家品种。

(2) 主要特征特性：瓠果长圆柱状，常下垂，幼时肉质，绿而带粉白色，成熟后黄绿色，内有坚韧的网状丝络。嫩瓜可食用，食用丝瓜时去皮，凉拌、炒食、烧食、做汤食或榨汁，作为食疗。丝瓜成熟果实的瓜瓤、种子可入药。瓜瓤称丝瓜络，有祛风、通络、活血、下乳之效；用于痹痛拘挛、胸胁胀痛、乳汁不通、乳痈肿痛等治疗。种子称丝瓜子，有清热、利水、通便、驱虫之效；用于水肿、石淋、肺热咳嗽、肠风下血、痔漏、便秘、蛔虫病等治疗。

丝瓜籽粒

丝瓜生长环境

石堰边的丝瓜

7. 西葫芦

（1）种植历史及要求：西葫芦俗称一窝蜂、北瓜，多种植于村边梯田里。从播种至开始收获50 ~ 60天。

（2）主要特征特性：瓜长椭圆形，瓜皮深绿色，具有黄绿色不规则条纹，瓜肉绿白色，肉质致密，纤维少，品质好。单瓜重1.5 ~ 2.5公斤。

西葫芦

8. 菜瓜

（1）种植历史及要求：菜瓜为甜瓜的变种，在近菜园以及离家较近的梯田上种植较多。

（2）主要特征特性：菜瓜在食用时可生食熟炒，也可搭配肉类和鸡蛋炒食，味道鲜美，营养丰富，清新可口，老少皆宜。

菜 瓜

9. 葫芦

（1）种植历史及要求：葫芦，为攀缘草本植物。多种植在近菜园以及离家较近的梯田上或搭架种植。

（2）主要特征特性：雌雄同株，花白色，单生；瓤瓜大，中间缢细，上部和下部膨大，成熟后果皮变木质。在王金庄过去主要用于盛水的容器。葫芦种子有利水消肿、通淋、散结之效，用于水肿、腹水、淋证、瘘疮、瘰疬等治疗。嫩瓜可食用，去皮后切片，可单炒，也可与肉同炒。

葫芦籽粒

葫芦花

葫 芦

葫芦嫩瓜

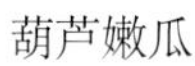

老熟的葫芦

10. 瓠子

（1）**种植历史及要求**：瓠子，多种植在近菜园以及离家较近的梯田上或搭架种植。

（2）**主要特征特性**：子房圆柱形，果实粗细匀称而呈圆柱形，直或稍弓曲，绿白色，果肉白色。其果实瓠子有利水、清热、止渴、除烦之效，用于水肿腹胀、烦热口渴、疮毒等治疗。

瓠子嫩瓜

瓠子瓜

（五）番茄

番茄，别名西红柿，俗称洋柿子。番茄于1941年由时任八路军一二九师生产部部长、留美农业专家张克威引进示范推广。王金庄至今仍在种植当时引进的番茄品种，村民称“老洋柿”。在多年种植过程中，又引进了一种“小洋柿”。番茄一般种植于梯田堰边，秧子从上垂下来，既能较好地通风透光，又不占用梯田耕地，还能增加蔬菜种类与产量。

番茄有生津止渴、健胃消食之效；用于口渴、食欲不振等食疗。

1. 老洋柿

（1）种植历史及要求： 老洋柿子，多种植在石堰边缘以及离家较近的梯田上或搭架种植。

（2）主要特征特性： 全株密生白色茸毛，果形扁椭圆形，表面呈不规则皱缩纹状痕迹，成熟时果皮薄，果肉粉红色，内容物多，纵切果面呈梅花状，味道酸甜可口。单果重200克左右，中晚熟品种。

老洋柿成熟果

老洋柿果实

老洋柿生长环境

清炒老洋柿

2. 小洋柿

（1）种植历史及要求： 小洋柿，多种植在石堰边缘以及离家较近的梯田上或搭架种植。

（2）主要特征特性： 果实鲜艳，有红、黄等果色，单果重一般为30克左右，果实直

地里的小洋柿

梯田堰边的小洋柿

小洋柿果穗

径约2 ~ 3厘米，鲜红色。果实卵圆形，果皮薄，内容物多，味道酸甜可口。

（六）茄子

茄子，花冠辐状开展，蓝紫色，浆果大，暗紫色，长圆形或近球形，外面被粗刺毛。茄子的根及根茎可入药，具有散血、消肿、祛湿之效；用于风湿痹痛、冻疮等治疗。旱作梯田系统现有茄子农家品种有两个，一个是长茄子，一个是圆茄子。

圆茄子

1. 圆茄子

（1）种植历史及要求： 圆茄，多种植在离家较近的梯田上。

（2）主要特征特性： 果实大椭圆球形，黑紫色，有光泽，果柄深紫色，果肉浅绿白色，肉质致密而细嫩，皮中水分较少，纤维较粗，口感相对硬些。

2. 长茄子

（1）种植历史及要求： 长茄子，多种植在离家较近的梯田上。

（2）主要特征特性： 果实呈细长状，皮较薄，深紫色，果肉浅绿白色，含籽少，肉质细嫩松软，皮中水分含量更丰富，纤维比较细。吃起来口感较好。

长茄子

（七）辣椒

辣椒，花冠白色，未成熟时绿色，成熟后呈红色、橙色或紫红色，味辣。种子多数，扁肾形，淡黄色。辣椒可温中散寒，开胃消食；用于寒滞腹痛、呕吐、泻痢、冻疮等治疗。

1. 菜椒

（1）种植历史及要求： 菜椒（变种）灯笼椒，多种植在离家较近的梯田上。

（2）主要特征特性： 植物体粗壮而高大。果梗直立或俯垂，果实大型，多纵沟，味不辣而略带甜或稍带椒味。

菜　椒

菜椒果实

2. 小辣椒

(1) **种植历史及要求**：小辣椒，多种植在离家较近的梯田上。

(2) **主要特征特性**：果梗及果实均直立，果实较小，圆锥状，成熟后红色或紫色，味极辣。

小辣椒及籽粒

梯田里的小辣椒

石槽里的小辣椒

小辣椒花、辣椒

3. 大辣椒

(1) **种植历史及要求**：大辣椒俗称牛角椒（长辣椒），多种植在离家较近的梯田上。

（2）**主要特征特性**：果实长指状，未成熟时绿色，成熟后成红色，味辣。种子扁肾形，淡黄色。花果期5～11月。为重要的蔬菜和调味品，种子油可食用，果亦有驱虫和发汗之药效。

大辣椒

（八）叶菜

1. 白菜

（1）**种植历史及要求**：白菜，古称菘，别名大白菜、黄芽白，是当地冬春重要的蔬菜。一般8月初播种，可直播，也可育苗移栽，当地有“头伏萝卜二伏菜”之农谚，也说“立秋前三天植白菜，立秋后三天晚白菜”。多种植在离家较近的梯田上。

（2）**主要特征特性**：收获一般在小雪前后，当地农谚“小雪收白菜”，这时收获的白菜纤维少。

白 菜

移栽的白菜

炒白菜

2. 莙荙菜

（1）**种植历史及要求**：莙荙菜，别名厚皮菜，是王金庄传统农家品种。种植历史悠久，早在明嘉靖年间，莙荙菜就是主要菜蔬。

（2）**主要特征特性**：莙荙菜二年生叶菜，茎直立。

莙荙菜

生长中的莙荙菜

3. 苤蓝

苤 蓝

（1）种植历史及要求：苤蓝，别名擘蓝。多种植在离家较近的梯田上。

（2）主要特征特性：茎短，在离地面2 ~ 4厘米处膨大成1个实心长圆球体或扁球体，绿色，其上生叶。叶略厚，花及长角果和甘蓝的相似，且基部膨大；种子有棱角。球茎及嫩叶可食用；叶及种子药用，能消食积，治疗十二指肠溃疡。

4. 青菜（菠菜）

（1）种植历史及要求：菠菜，古名菠薐菜，多种植在离家较近的梯田上。

（2）主要特征特性：株高可达1米，根圆锥状，带红色，较少为白色。茎直立，中空，脆弱多汁，叶戟形至卵形，鲜绿色，柔嫩多汁，稍有光泽，果皮褐色。

菠菜种子

菠菜繁种

5. 黄花菜

（1）种植历史及要求：黄花菜，多种植在离家较近有积水的梯田沟渠旁。

黄花菜种子

黄花菜开花

黄花菜生长环境

（2）**主要特征特性**：黄花菜，多年生，根近肉质，中下部常有纺锤状膨大。花梗较短，花多朵，花被淡黄色。花蕾及刚开放的花，开水淖或汽蒸加工后，可作干菜食用。黄花菜入药，有止血、消炎、清热、利湿、消食、明目、安神等功效，对吐血、大便带血、小便不通、失眠、乳汁不下等有疗效，可作为病后或产后的调补品。

6. 芫荽

（1）**种植历史及要求**：芫荽，古称香荽、胡荽。多种植在离家较近的梯田上。

（2）**主要特征特性**：基生叶和下部茎生叶羽状分裂，双悬果球形，褐黄色；有强烈香气。果实芫荽子有健胃消积，理气止痛，透疹解毒之效；用于气滞胃痛、食积不化、痞满、疹出不畅等治疗。

梯田芫荽

芫荽繁种

7. 油麦菜

（1）**种植历史及要求**：油麦菜，别名莜麦菜，又叫苦菜、生菜。多种植在离家较近的梯田上。

（2）**主要特征特性**：以嫩梢、嫩叶为产品的尖叶型叶用莴苣，叶片呈长披针形，色泽淡绿、质地脆嫩，口感极为鲜嫩、清香，具有独特风味。

油麦菜

8. 莴苣

（1）种植历史及要求：莴苣属耐寒性蔬菜，喜冷凉气候，不耐高温，喜湿润。多种植在离家较近的梯田上。

（2）主要特征特性：基生叶及下部茎叶大，圆锥花序分枝下部的叶及圆锥花序分枝上的叶极小，无柄。头状花序，在茎枝顶端排成圆锥花序。瘦果倒披针形，压扁，浅褐色。叶及嫩茎可食。

莴苣的花

生长中的莴苣

莴苣繁种

（九）葱蒜

1. 红葱

（1）种植历史及要求：红葱，多种植在离家较近的梯田上。

（2）主要特征特性：鳞茎卵状至卵状长圆形，外皮紫红色、褐红色至淡黄色，纸质至薄革质，内皮肥厚肉质。叶圆筒状，中空，中部以下变粗。花葶圆筒状，中空，下部被叶鞘；伞形花序具大量珠芽。红葱主要以花序上的珠芽无性繁殖。红葱味浓郁，但民间有红葱发病之说。

红 葱

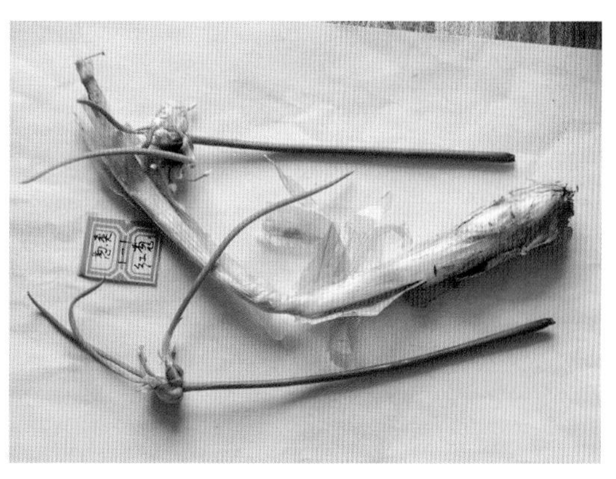

红葱繁殖体

2. 大葱

（1）种植历史及要求：大葱，多种植在离家较近的梯田上。

（2）主要特征特性：全株具辛辣味，鳞茎圆柱形，先端稍肥大，鳞叶成层，白色，上具白色纵纹。叶基生，圆柱形，中空，绿色，具纵纹；叶鞘浅绿色。花茎自叶丛抽出，伞形花序圆球状，蒴果三棱形。种子黑色，三角状半圆形。大葱的葱白有发表、通阳、解毒、杀虫之效；用于感冒风寒、阴寒腹痛、二便不通、痢疾、疮痈肿痛、虫积腹痛等治疗。

大葱种子

大葱秧

大葱繁种环境

开花的大葱

生长中的大葱

3. 大蒜

（1）种植历史及要求：大蒜，多种植在离家较近的梯田上。

（2）主要特征特性：由多数肉质瓣状的小鳞茎紧密地排列而成。叶基生；花葶实心，圆柱状；伞形花序密具珠芽，间有数花；小苞片大，卵形，膜质；花被片披针形至卵状披形，内轮的较短，花丝比花被短，基部合生并与花被片贴生。大蒜的鳞茎可入药，有解毒消肿、杀虫、止痢之效，用于痈肿疮疡、疥癣、肺痨、顿咳、泄泻、痢疾等治疗。

大 蒜

4. 薤白

（1）种植历史及要求：薤白，俗称野小蒜，多野生，于梯田附近山坡荒地。

（2）**主要特征特性**：鳞茎近球形。叶互生，苍绿色，半圆柱状狭线形，中空，基部鞘状抱茎。花茎单一，直立，伞形花序顶生，球形，花梗细，花序间有许多肉质小珠芽，甚至全部变为珠芽。花淡粉红色或淡紫色，蒴果倒卵形。薤白有通阳散结、行气导滞之效；用于胸痹心痛、脘腹痞满胀痛、泻痢后重等治疗。野小蒜是当地常见的调味品。

梯田里的野小蒜

野小蒜

石头窝的野小蒜

野小蒜的花序

5. 野韭

（1）**种植历史及要求**：野韭，俗称白根韭菜，多野生于梯田及其附近山坡荒地。

（2）**主要特征特性**：叶基生，条形，扁平。伞形花序簇生状或球状，多花；花白色或微带红色；蒴果具倒心形的果瓣。是当地常见的调味品之一。韭菜子可入药，有温补肝肾、壮阳固精之效；用于肝肾亏虚、腰膝酸痛、阳痿遗精、遗尿尿频、白浊带下等治疗。

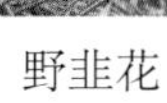
野韭花

野韭植株

6. 冀韭

（1）**种植历史及要求**：冀韭，俗称红根韭菜，多野生于向阳山坡、草坡或草地上。

（2）**主要特征特性**：具横生的粗壮根状茎，略倾斜。鳞茎近圆柱状，外皮红黄色，叶三棱状条形，背面具呈龙骨状隆起的纵棱，伞形花序半球状或近球状，多花；小花梗近等长；花白色，稀淡红色。其可入药，功效同“白根韭菜”。

冀 韭

冀韭花

冀韭炒辣椒

7. 细叶韭

（1）种植历史及要求：细叶韭，俗称山葱花，多野生于梯田及其附近山坡荒地。

（2）主要特征特性：鳞茎近圆柱状，鳞茎外皮紫褐色，常顶端不规则地破裂，内皮带紫红色。叶半圆柱状至近圆柱状，花葶圆柱状，伞形花序半球状或近扫帚状，松散；小花梗近等长，白色或淡红色，少数为紫红色。花果期7～9月。辛辣味浓，是上等调味品。

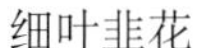

细叶韭花

细叶韭籽

细叶韭种子

细叶韭

（十）根菜、根菜蔓菁（菜根）

芜菁，块根肉质，外皮白色、黄色或红色，基生叶片大头羽裂或为复叶，总状花序顶生；花瓣鲜黄色，倒披针形，长角果线形，种子球形，浅黄棕色，近种脐处黑色。3～4月开花，5～6月结果。

1. 蔓菁——长菜根

（1）种植历史及要求：长菜根是当地蔓菁农家品种。种植于村边附近的土壤较肥沃的梯田上。

（2）主要特征特性：根茎长锥形。

长菜根

长菜根的花

长菜根繁种

蒸食长菜根

2. 蔓菁——红皮菜根

（1）种植历史及要求：红皮菜根是当地蔓菁农家品种。种植于村边附近的土壤较肥沃的梯田上。

（2）主要特征特性：根茎圆锥形，根皮淡红至浅紫色。

红皮菜根种子

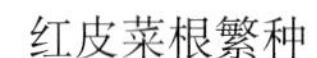
红皮菜根繁种

红皮菜根

3. 蔓菁——白皮菜根

（1）种植历史及要求：白皮菜根是当地蔓菁农家品种。种植于村边附近的土壤较肥沃的梯田上。

（2）主要特征特性：根茎圆锥形，根皮白色。

白皮菜根繁种

白皮菜根

白皮菜根种子

（十一）萝卜

萝卜，俗称白萝卜。常见的根茎类蔬菜，生食熟食均可，其味略带辛辣味，为食疗佳品，可以治疗或辅助治疗多种疾病。涉县栽培白萝卜历史悠久，明朝时是主要蔬菜种类。清朝、民国栽培也比较多。白萝卜干是重要的抗灾储备蔬菜，是农家必备蔬菜。

白萝卜种子、开花结实后的干燥老根均可入药。种子为莱菔子，具有消食除胀、降气化痰之效；用于饮食停滞、脘腹胀痛、大便秘结、积滞泻痢、痰壅喘咳等治疗。开花结实后的干燥老根为地骷髅，具有行气消积、化痰、解渴、利水消肿之效；用于咳嗽痰多、食积气滞、腹胀痞满、痢疾、消渴、脚气、水肿等治疗。

食积腹胀，消化不良，胃纳欠佳，可以生捣白萝卜，取汁饮用；对恶心呕吐，泛吐酸水，慢性痢疾，均可切碎蜜煎细细嚼咽；便秘，可以煮食；口腔溃疡，可以捣汁漱口。

萝卜的农家品种现在有3个。

1. 白萝卜

（1）种植历史及要求：白萝卜是当地近年来广为种植的农家品种。种植于村边附近的土壤较肥沃的梯田上。

（2）主要特征特性：与当地老品种相比，水分含量大，生吃时脆甜可口。

白萝卜籽

白萝卜

白萝卜花

白萝卜荚

淹白萝卜丝

2.绿头老白萝卜

（1）种植历史及要求：绿头老白萝卜是当地一个农家品种。种植于村边附近的土壤较肥沃的梯田上。

（2）主要特征特性：芥辣味浓，萝卜头绿色或浅绿色，萝卜细长，水分含量小，适合晒制萝卜条和腌制萝卜丝。

绿头老白萝卜种子

绿头老白萝卜荚

绿头老白萝卜

绿头老白萝卜繁种

3. 紫头老白萝卜

（1）种植历史及要求：紫头老白萝卜是当地一个农家品种。种植于村边附近的土壤较肥沃的梯田上。

（2）主要特征特性：芥辣味浓，萝卜紫色或浅紫色，萝卜上部略细，下部较粗，水分含量小，适合晒制萝卜条和腌制萝卜丝。

紫头老白萝卜繁种

紫头老白萝卜

（十二）胡萝卜

胡萝卜，根粗壮，长圆锥形，呈橙红色或黄色。茎直立，叶片具长柄，羽状复叶，裂片线形或披针形；叶柄基部扩大，形成叶鞘。复伞形花序，花序梗有糙硬毛；花通常白色，有时带淡红色；花柄不等长。果实圆锥形，棱上有白色刺。

胡萝卜栽培历史悠久，是当地冬春主要蔬菜种类。由于其生育期短，适合涉县降雨特点，清朝、民国时，栽培面积进一步扩大。胡萝卜主要加工品有胡萝卜条，是春季主要蔬菜之一，也是主要的抗灾储备蔬菜。

胡萝卜多在夏季头伏天播种，故有“头伏萝卜，二伏菜”之说。播种前先施底肥，开浅沟，撒种，用脚拖，盖树叶或麦糠。出土后长10厘米高，进行间苗、锄草、追肥，视情中耕两到三次，到立冬前后刨回仓储待食。

胡萝卜有健脾和中、滋肝明目、化痰止咳、清热解毒之效；用于脾虚食少、体虚乏力、脘腹痛、泻痢、视物昏花、雀目、咳喘、百日咳、咽喉肿痛、麻疹、水痘、疖肿、烫火伤、痔漏等治疗。现在王金庄栽培的主要品种有：黄萝卜、红萝卜等。

1. 黄萝卜

（1）种植历史及要求：黄萝卜是当地一个农家品种。种植于村边附近的土壤较肥沃的梯田上。

（2）主要特征特性：经常与红萝卜一起留种、一起种植，当地统称红黄萝卜。

黄萝卜　黄萝卜的花序

黄萝卜繁种田　黄萝卜的繁种

2. 红萝卜

（1）种植历史及要求：红萝卜是当地一个农家品种。种植于村边附近的土壤较肥沃的梯田上。

（2）主要特征特性：经常与黄萝卜一起留种、一起种植，当地统称红黄萝卜。

红萝卜种子

红萝卜

红萝卜的繁种

红萝卜田间

3. 芥菜疙瘩

（1）种植历史及要求： 芥菜疙瘩是王金庄传统农家品种。种植于村边附近的土壤较肥沃的梯田上。

（2）主要特征特性： 芥菜疙瘩，块根圆锥形不规则，外皮白色，根肉质，白色或黄色，有辣味。茎直立，基生叶少数，大头羽状浅裂，茎生叶似基生叶，花浅黄色，花瓣倒卵形，长角果线形，果梗长，种子球形，黑褐色，有细网纹。花期4～5月，果期5～6月。块根盐腌或酱渍供食用，与萝卜同切成细丝作辣菜食用。

芥菜疙瘩

4. 小菜（油菜）

（1）种植历史及要求： 小菜是王金庄传统农家品种。种植于村边附近的土壤较肥沃的梯田上。

（2）主要特征特性： 小菜是欧洲油菜的肉质根，可作为蔬菜食用。其茎颜色深绿，花朵为黄色，基生叶大头羽状分裂，花瓣鲜黄色，长角果条形，种子球形，红褐色。其种子为芸薹子有活血化瘀、消肿散结、润肠通便之效，用于产后恶露、瘀血腹痛、痛经、肠风下血、血痢、风湿痹痛、痈肿丹毒、乳痈、便秘等治疗。

小菜种子

小 菜

小菜的食用根

小菜的花

三、干鲜果品

（一）花椒

花椒，原产于我国，栽培历史悠久，且具有抗干旱、耐瘠薄、适应性强等特点。由于它根系发达，可以起到良好的水土保持作用，是梯田固土保水、维护石堰的良好树种。花椒是涉县的传统优势产业，已有700多年的栽培历史。涉县花椒以其果粒均匀、色泽鲜艳、麻味充裕、香气浓郁被冠以“十里香”的美称。花椒和核桃、柿子并称为“涉县三珍”。

经过长期的适应栽培，形成了独具特色的花椒遗传多样性。据公元1799年（清嘉庆四年）《涉县志》记载：花椒佳者曰大红袍，其香烈，其味长；小椒次之；狗椒颇臭，颇为邑利。已明确记载了花椒的栽培品种。2005年，国家质量监督检验检疫总局批准对“涉县花椒”实施地理标志产品保护。2007年，涉县王金庄花椒专业社选送的“崇香”牌花椒被评为“千社千品”富农工程暨台湾农民合作经济组织产品展示会“优质农产品”。

1. 大红袍

大红袍，也称狮子头。

（1）树体特征：树体高大紧凑，分枝角度小，树姿半开张，多年生枝灰褐色，一年生枝呈绿红色，在自然生长情况下，树形为多主枝圆头形或无主干丛状形，盛果期大树高3 ～ 5米。节间较短，果枝粗壮；皮刺基部宽厚，随着枝龄的增加，尖端逐渐脱落而成瘤状。叶片广卵圆形，叶尖渐尖，叶色浓绿，叶片较厚而有光泽，表面光滑，蜡质层较厚，油腺点较窄，不甚明显。

大红袍种子

（2）果实特征：果枝粗壮，果梗较短，果穗紧密；果粒较大，直径5 ～ 6.5毫米。成熟的果实晒干后深红色，晒制后颜色不变，表面有粗大的瘤状腺点；鲜果千粒重85克左右。成熟期8月下旬至9月上旬，属晚熟品种。成熟的果实不易开裂，采收期较长，4 ～ 4.5公斤鲜果可晒制1公斤干椒皮。

（3）**利用及栽培特点**：丰产性强，高产、稳产。椒皮品质上中，虽风味不及小红椒，但果粒大，色泽鲜艳，在市场上颇受消费者欢迎。此品种喜肥水，抗旱性、抗寒性较差，适宜于较温暖的气候和肥沃的土壤；若立地条件清薄，则易形成“小老树”。

大红袍花序

大红袍枝条

大红袍枝干

2. 二红袍（大花椒）

二红袍，也称油椒、大花椒。

（1）**树体特征**：在自然生长情况下，为多主枝半圆形或多主枝自然开心形。盛果期大树高2.5 ～ 5米。树势健壮，分枝角度较大，树姿较开张。一年生枝褐绿色，多年生枝灰褐色。皮刺基部扁宽，随着枝龄的增加，常从基部脱落。叶片较宽大，卵状矩圆形，叶色较大红袍浅淡，腺点明显。

（2）**果实特征**：果梗较长，果穗较松散，每果穗结实20 ~ 50粒，最多可达160多粒；

二红袍椒

二红袍花序、枝条

二红袍枝叶、椒穗

果粒中等大，直径4.5 ～ 5毫米。成熟的果实鲜红色，表面有粗大瘤状腺点；鲜果千粒重70克左右，晒干后的椒皮呈酱红色。成熟期8月中下旬，属中熟品种。每3.5 ～ 4公斤可晒制1公斤干椒皮。

（3）利用及栽培特点：丰产性强，抗逆性也较强。椒皮品质上，麻香味浓，在市场上颇受欢迎。此品种喜肥水，种植在肥沃土壤的植株，树体高大，产量稳定，在河北省涉县最高株产鲜果66公斤，但在肥水条件较差的条件下，也能正常生长结实。

3. 小红椒

小红椒，也称小红袍、小椒子。

（1）树体特征：树体较矮小，树姿开张，分枝角度大，盛果期大树高2 ～ 4米，一年生枝绿中带红，细长易下垂，萌发力和成枝力较强。多年生枝灰褐色。皮刺较小，稀而尖利，随着枝龄的增加，从基部脱落，果穗周围有1 ～ 2对小刺。叶片较小且薄，色较淡。

（2）果实特征：果梗较长，果穗较松散；果粒小，直径4 ～ 4.5毫米；鲜果千粒重58克左右。成熟时果实鲜红色，果皮较薄，晒制的椒皮颜色鲜艳，麻香味浓，特别是香味大，品质上。出皮率高，每3 ～ 3.5公斤鲜果可晒制1公斤干椒皮。8月上中旬即成熟，为早熟品种。果穗中果粒不甚整齐，成熟也不一致，成熟后果皮易开裂，需及时采收，采收期短。因此，在大面积发展时，应与中、晚熟品种适当配置。

（3）利用及栽培特点：耐干旱，耐瘠薄，抗逆性强，可在瘠薄地上正常生长，但树龄短，结果期短，最佳结果期只有四五年的时间，时间一长树体衰败，树心糠腐。

小红椒花序

小红椒果穗及其小刺

小红椒树体

4. 白沙椒

（1）树体特征：分枝角度大，树姿开张，树势健壮，盛果期大树高2.5 ～ 5米。1年生枝淡褐绿色，多年生枝灰褐色。皮刺大而稀，多年生枝皮刺通常从基部脱落。叶片较宽大，叶轴及叶背稀有小皮刺，叶面腺点明显。

（2）**果实特征**：果梗较长，果穗蓬松，采收方便。果粒中等大，鲜果千粒重75克左右。8月中下旬成熟，属中熟品种。成熟的果实淡红色，晒干的干椒皮褐红色，每3.5 ~ 4公斤鲜果可晒制1公斤干椒皮。风味中上，但色泽较差。

（3）**利用及栽培特点**：白沙椒是老品种，丰产性强，几无隔年结果现象。在土壤深厚肥沃的地方，树体高大健壮，产量稳定；在立地条件较差的地方，也能正常生长结实。麻香味浓，存放几年，风味不减，但其色泽较差，在市场上不受欢迎。

白沙椒树体

白沙椒花序

5. 枸椒

枸椒，也称臭椒。

（1）**树体特征**：树体健壮，树龄长，一般不会树心糠腐，分枝角度小，树姿半开张，盛果期树高3 ~ 5米。1年生枝褐绿色，多年生枝灰褐色。皮刺大而稀，多年生枝上的皮刺从基部脱落。果枝粗短，尖削度大，果穗周围没有小刺。叶片小而窄，叶面蜡质层厚，浓绿有光泽，腺点不太明显。

（2）**果实特征**：果穗较大，果梗较短；果粒大，直径5 ~ 6.5毫米，鲜果千粒重85克左右。成熟的果实枣红色，晒干后的椒皮呈紫红色。成熟晚，9月上中旬成熟，成熟后果皮不易开裂，一直到10月上中旬果实也不脱落，采收期长。每4.5公斤左右鲜椒可晒制干椒皮1公斤。鲜果有异味，麻而不香，但晒干后异味减退，品质较差。

（3）**利用及栽培特点**：丰产性强，单株产量高。适于背阴地，树龄寿命较长，在立地条件较好且肥水充足的地方栽培产量高，生长旺盛，土壤瘠薄时树体寿命短，易形成“小老树”。虽其椒皮风味较差，但粒大。

枸椒果穗

枸椒枝条

枸椒主干

（二）黑枣

黑枣属于柿科、柿属，学名君迁子，俗名有牛奶柿、软枣、栗枣、牛奶枣、白节枣。

黑枣原产于中国，人工栽植已有3 000多年的历史。野生或栽培于山坡、谷地。涉县黑枣的种植历史，最早记述始见于明嘉靖三十七年《涉县志·物产》："果：桃、李、柿子、柰子、枣、软枣、核桃、梨、石榴"，在其《田赋》中记载"永乐十年，起科官民夏秋地，与洪武二十四年同［一千四百一十六顷七十七亩七分（70 877.7亩）]，不起科民地，四百二十四顷九十六亩（21 296）亩，软枣七万二千四百九十株"，"永乐十年，户二千三百八，口一万四千六百八十七"，以此，在明永乐十年（1412年），涉县84 947.28亩土地人均土地5.78亩，而人均软枣已达4.94株。2017年，国家质量监督检验检疫总局批准对"涉县黑枣"实施地理标志产品保护。

黑枣，按其嫁接与否分实生株和嫁接株；黑枣花单性或两性，雌、雄同株或异株，因此按其花的性质又分雄株（俗称公软枣树、拐枣树）、雌株和单性结实株；按其果实有核与否分有核黑枣和无核黑枣。涉县栽培面积较大和经济效益较高的是无核黑枣。无核黑枣又称为白节枣，按其品质及特征特性可分为葡萄黑枣、牛奶枣、羊奶枣等。

1. 拐枣树（公软枣树）

拐枣树，黑枣的雄株，一般只开花，不结果，俗称公软枣树。实生植株，干性强，一般高达10米以上，主枝角度小，夹角一般在30°以内，斜上生长，小枝细长，只有雄花，呈紫黄色，开花不结果，所以叫公软枣树，群众俗称拐枣树。拐枣树是柿子或无核软枣的优良砧木，通过高接换头，2 ～ 3年就能结果。

拐枣树的枝条、叶

拐枣树的花

拐枣树的树体

2. 十大兄弟（多核黑枣）

（1）树体特征：多是实生或雄株高接而成。实生的干形较强，嫁接的干形较弱，主枝较开张，两性花，着生在叶腋，花瓣重叠，乳黄色，向后卷曲一圈，花品形。

（2）果实特征：果实大，呈圆形，棕褐色，稍有果粉，每果有种子8 ～ 10粒（多数10个），果实纵径2.0 ～ 2.1厘米，横径1.8 ～ 2.0厘米，单果重5.36克，种子百粒重13.02克、种子长10.72毫米、种子宽6.92毫米、种子厚度2.48毫米。

（3）利用价值：耐贮藏，但由于种子过多，食用价值低，主要用于造酒、繁殖苗木。

十大兄弟花、果、叶

十大兄弟果枝

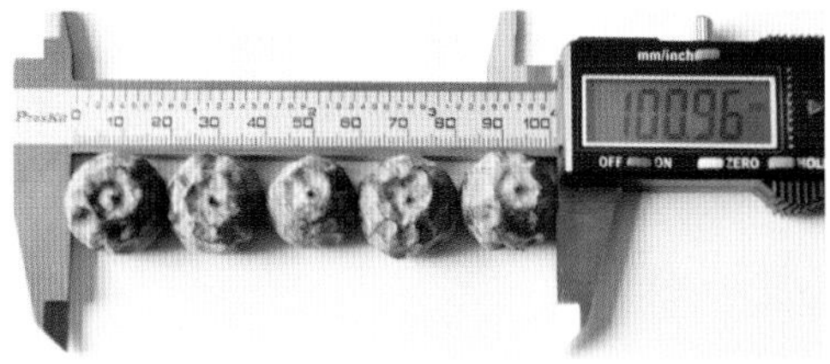

十大兄弟果实

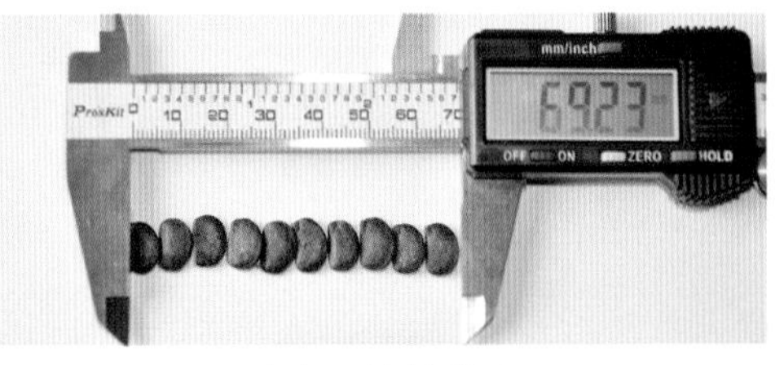

十大兄弟的种子

3. 八姐九妹（多核黑枣）

（1）树体特征：多是实生或雄株高接而成。实生的干形较强，多数是多主干，冠内紊乱，冠呈圆锥形。嫁接的干形较弱，主枝较开张，冠多呈圆头形或椭圆形。两性花，着生在叶腋。

（2）果实特征：果粒短圆柱形、上部锥圆形，个小、黑褐色，果肉多，百果重165.75克。果实直径13.9毫米，果实高14.45毫米，每果有种子5～6粒，种子百粒重13.07克。种子长11.79毫米，种子宽5.85毫米，种子厚度2.64毫米。

（3）利用价值：品质较好，耐贮藏，但由于种子过多，食用价值低，主要用于造酒、繁殖苗木。

八姐九妹果实

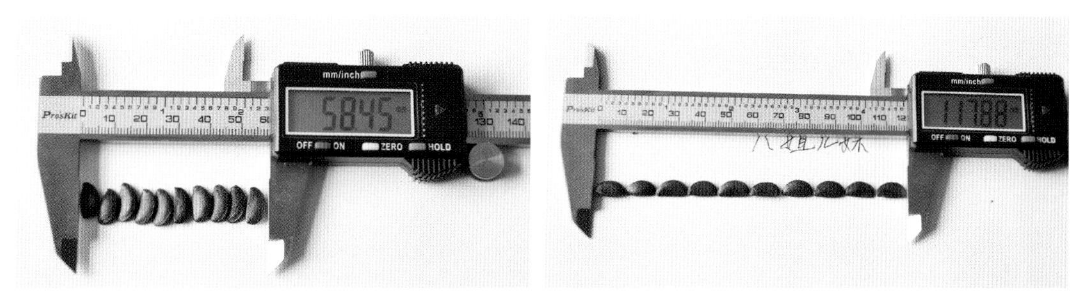

八姐九妹种子

4. 葡萄黑枣（无核黑枣）

（1）树体特征：无核黑枣之一。通过嫁接繁殖而成。嫁接后第二年开始结果，干性较弱，开张，树高一般5～7米，圆头形或自然半圆形，树形为主干枝较稀，小枝稠密，呈羽状排列在主、侧枝两侧。两性花，雌蕊发达，分枝角度在45°～65°。叶片小，纺锤形，叶背面有大量银白色的茸毛，叶缘由基部到叶尖全呈细波状。

（2）果实特征：果实大，纵径1.91厘米，横径1.6厘米，单果重2.93克，果粉较少，果实圆形、无核，纤维中等细长，含淀粉较多。

（3）利用价值：主要食用，果肉纤维少，含淀粉较多，吃时有沙绵的感觉，味道甘甜，经济价值高。

葡萄黑枣的花

葡萄黑枣未成熟果实

葡萄黑枣成熟果实

5. 牛奶枣（无核枣之一）

（1）**树体特征**：牛奶枣是无核类型之一，无性繁殖，通过嫁接（芽接或枝接）繁殖。幼树干性强，进入盛果期树形开张或半开张，树高一般5 ~ 7米，树形为圆头形或自然半圆形，主干枝较稀，小枝稠密，呈羽状排列在主、侧枝两侧。两性花（外形似雌花），雄蕊退化，雌蕊发达。花冠大，花瓣乳黄色，重叠排列，开张或极开张，叶片梭形，叶背面有大量银白色的茸毛，叶缘由基部到叶尖全呈细波状。

（2）**果实特征**：果实较大，纵径1.91厘米，横径1.87厘米，百果重247克。果粉多，果形椭圆，丰满，像牛奶头，故此得名牛奶枣。该枣多数无核，偶有1 ~ 2核，果肉纤维少。

（3）**利用价值**：质地绵、浆汁少，味道甘甜，经济价值高，果实丰产、高产。

牛奶枣花

牛奶枣果穗

牛奶枣与葡萄黑枣

牛奶枣树体

6. 羊奶枣

（1）**树体特征**：羊奶枣是无核类型之一，通过嫁接繁殖而成。树形为圆头形或自然半圆形，主干枝较稀，小枝稠密，呈羽状排列在主、侧枝两侧。两性花（外形似雌花），雄蕊退化，雌蕊发达。花冠大、叶片梭形，叶背面有大量银白色的茸毛，叶缘由基部到叶尖全呈细波状。

（2）**果实特征**：果实小，纵径1.9厘米，横径1.3厘米，百果重221克。果粉多，果形椭圆，丰满，果粒较小，像羊奶头，故此得名羊奶枣。

（3）**利用价值**：果肉纤维少，质地绵，浆汁少，味道甘甜，经济价值高，但产量较低。

羊奶枣花　羊奶枣幼果　羊奶枣果穗　羊奶枣　羊奶枣树

（三）柿

柿俗称柿子，由君迁子嫁接而来，是“涉县三珍”之一。除鲜食、干食以外，也可酿制酒和醋等，柿子入药，对于痢疾、干热咳嗽、牙龈出血、贫血等均有一定疗效。个大、色红、丰腴多汁、醇甜如蜜。

据调查，涉县柿子，有2 000多年的栽培历史。现有绵柿子、满天红、大方柿、磨盘柿、牛心柿、黑柿子、大绵柿子、小绵柿子、小方柿等9个品种类型。古诗赞其“色胜金衣美，甘逾玉液清”。明清时，曾进贡宫廷。据清嘉庆四年《涉县志》有诗赞曰：“萧萧昨夜起霜风，晓看园林柿叶红。莫道荒山无景色，漫天霞锦烂秋空。”涉县柿子，大部分零散栽植在山坡、梯田、耕地堰根。

1. 大绵柿子（符山绵柿）

（1）树体特征：又称大绵柿、绵瓢柿、绵羊柿、绵柿，也叫符山柿。树冠呈自然半圆形，树势强健，幼树较直立，结果后逐渐开张。新枝红褐色，叶纺锤形，先端渐尖，基部楔形。

（2）果实特征：果实中等大，横径5.2厘米，纵径6.2厘米，平均单果重136克。短圆锥形，橘红色，具纵沟4条，柿蒂小，果柄中等长，肉质绵、纤维少，味甜无核，含糖量25.2%，出饼率高，品质优良，10月中旬成熟。

（3）利用价值：耐贮运，宜生食、煮食、加工制饼，出饼率高，个大霜白，味甜适口，所产柿饼，质地桑软，果肉金黄透明。

大绵柿子　　　　大绵柿子

2. 满天红

（1）树体特征：树冠开张，圆锥形。树势强健。

（2）果实特征：果实中等大，平均单果重121.2克，果实呈圆方形，横径5.8厘米，纵径8.5厘米，表面橘红色，果顶歪而偏斜，风味极甜，含糖量24%，柿蒂呈四瓣形、浅红绿。萼片呈肾形，分离式重叠，上尖。果柄粗短，无核，果皮薄，烘柿可撕皮，10月上旬成熟。

（3）利用价值：较耐贮运，鲜食、煮食最好，也是加工制饼的主要品种。

满天红

3. 大方柿

（1）树体特征：树姿开张，树冠呈自然半圆形。

（2）果实特征：也称方柿。果实大丰产，平均单果重179克，呈扁方形，横径6.92厘米，纵径5.74厘米，橙黄色，具有纵沟4条，柿蒂方形，浅绿色，果顶凹陷，果肩有枝状突起，萼片反卷。肉质致密，桑软、多片、味甜，含糖量21.5%。髓心中空，圆锥形，心室8个，盾形、无

大方柿

核。10月上旬成熟。

（3）**利用价值**：较宜于加工柿饼、柿块，质地较佳，是涉县主栽品种之一。

4. 磨盘柿

（1）**树体特征**：树冠圆锥形，主干明显，侧枝细长而下垂。树皮灰褐色，叶背脉周有茸毛。叶片栅栏组织发达。

（2）**果实特征**：也称大磨盘、大盖柿、合柿、水柿、满天红。果特大，平均重245克，最大的300克。磨盘形，纵径5.1厘米，横径7.8厘米，上中部有缢痕，形成两重形似“盖状”。果蒂深陷，萼片上翘，柄粗而短，果顶广平或微凸，果心大。果味稍甜，水分多，含糖量17.5%。做柿饼，出饼率低。10月下旬成熟，是生食脆柿的最佳品种。

（3）**利用价值**：寿命长，丰产稳产，品种中上，耐贮运，抗疯病能力强。

磨盘柿

磨盘柿

5. 牛心柿

（1）**树体特征**：树势强健，树姿开张，树冠呈自然半圆形，稳产高产。叶片肥大，纵径12厘米，横径7.1厘米，叶尖扭曲而下垂，1年生枝条褐色，芽尖裸露。

（2）**果实特征**：因果实似牛犄角的形状而得名，也叫“大红柿”。果实中等大，平均单果重105.5克，长卵形，纵径6.07厘米，横径5.5厘米。中腰略细或筒直，蒂小，缢痕花瓣形。果顶钝尖，无纵沟，果表面橘红色，果汁较多，纤维细长，肉质细腻，风味极

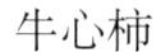

牛心柿

牛心柿

甜，品质优良。10月中下旬成熟。

（3）**利用价值**：耐贮运，可生食，适宜加工，霜多，出饼率高，生长健壮，抗疯病能力强。

6. 黑柿子（花脸柿）

（1）**树体特征**：树势健壮、较开张，树冠自然半圆形。

（2）**果实特征**：果表黑色，或者黑黄相间，果粉多。果实近蒂处有锈斑，果实中等大，平均单果重134.2克，纵径5.93厘米，横径6.2厘米。果顶圆形，柿蒂近方形，纵沟不明显，髓部中空，眉形、黑色，无核、果肉橘红色，纤维细长，果皮厚、果味浓甜，含糖量22.6%。

（3）**利用价值**：丰产、抗疯病能力强。10月中旬成熟，采收前易落果，可制柿饼或软食。

黑柿子

黑柿子

7. 小洋柿子

（1）**树体特征**：该品种原从河南引进。树冠圆锥形，主干明显，树姿开张，枝干红褐色，芽尖裸露，皮孔少，茸毛多，叶片纺锤形，纵径11.5厘米，横径8.9厘米。

（2）**果实特征**：也称大水柿、满天红。果实中等大，平均单果重154克。扁圆形，纵径5.1厘米，横径7.4厘米，果顶广平微凹，缢痕呈三角形或退化，果实深橘红色，果肉绵，纤维细长，肉质柔软、果汁多，食用时有淀粉感。10月成熟。

小洋柿子

小洋柿子树

(3) 利用价值：宜于生食或制饼，但霜少，出饼率较低，该树丰产稳产，无大小年或不明显，适应性强。

8. 小绵柿子（小柿子）

(1) 树体特征：幼树直立，结果后逐渐开张，树冠呈圆锥形，生长健壮，新梢红褐色，茸毛多。

(2) 果实特征：果实小，平均单果重87克。纵径4.75厘米，横径5.23厘米，果皮稍厚，果粉少，无果点，缢痕花瓣形，肉质绵。纤维多而粗长，呈橘红色，汁少味甜，含可溶性固形物22.4%。品质较好，10月中旬成熟。

(3) 利用价值：丰产，但大小年明显，抗疯病较差，是制饼的主要品种。

小绵柿子

小绵柿子

9. 小方柿（方疙瘩）

(1) 树体特征：树姿开张，扁头圆形，新梢浅黄褐色，皮孔椭圆形，灰白色，芽尖半裸露，茸毛短稀。

(2) 果实特征：也称方疙瘩。果实呈扁形，纵径5.1厘米，横径6.4厘米，平均单果重118.2克。果肩棱突。果顶广平凹陷，十字沟明显。果皮橙红色，无果粉，汁多味甜，含糖量22.1%。10月中旬成熟。

(3) 利用价值：较耐贮运，品质较好，也是制饼的主要品种。

小方柿

小方柿

（四）核桃

胡桃俗称核桃，为落叶乔木。核果近球形，外果皮绿色，有斑点。

涉县的核桃栽培历史悠久，其产量高，品质优，是涉县“三珍”之一。现存有大量500年生以上大树仍能正常结果。2005年，国家质量监督检验检疫总局批准对“涉县核桃”实施地理标志产品保护。

1. 绵核桃

（1）**树体特征**：树体高大，一般10 ～ 20米，高的可达30米，髓部片状，树皮灰白色，光滑，老时变暗，形成不规则纵裂。花药杏黄色，雄花序顶生。

（2）**果实特征**：绵核桃是指核桃仁与其间的隔膜能完全分离，打开核桃后核桃仁能较完整取出。果实为核果，外果皮肉质，表面光滑，绿色或黄绿色；内果皮骨质，称核壳，表面凹凸皱褶，有两条纵棱，先端有短尖头，种仁黄白色或黄褐色。果中等大，壳皮较薄1.5毫米左右，麻坑浅，内褶不发达，取仁容易，能取半仁或整仁，出仁率45%左右，含油率65%以上，每公斤80 ～ 84个。

（3）**利用价值**：抗病能力较强。食用、榨油均可。

绵核桃

青皮绵核桃

绵核桃树干

2. 薄皮核桃（辽核1号）

（1）**树体特征**：1980年前后从辽宁省经济林研究所引进。树势较旺，分枝力强，枝条粗壮，芽体大而密集，丰产性强，抗病抗寒能力强，雄先型，成熟期中等，或偏晚。

（2）**果实特征**：坚果平均重10克，圆形，壳面较光滑，缝合线微隆起，壳厚0.9毫米左右，核仁充实饱满，仁皮黄白色，内隔壁退化，可取整仁，出仁率58%左右。

（3）**利用价值**：商品价值较高，产量较高，缺点是抗病性尤其是核桃腐烂病抗性较差。

薄皮核桃

薄皮核桃树

3. 夹核桃

（1）**树体特征**：树体高大，一般10 ～ 20米，高的可达30米，髓部片状，树皮灰白色，光滑，老时变暗，形成不规则纵裂。叶为奇数，羽状复叶，花药杏黄色，雄花序顶生。

（2）**果实特征**：表面凹凸皱褶，有两条纵棱，先端有短尖头，种仁黄白色或黄褐色。果个中等大，壳皮较厚，1.5毫米左右，麻坑深，内褶发达，果仁夹在隔膜之间不易分离，取仁较难，总有一些仁取不出。

（3）**利用价值**：一般不能取出半仁或整仁，出仁率45%左右，含油率65%以上，每公斤80 ～ 84个。

夹核桃

夹核桃树干

（五）山楂

山楂，别名山里红、红果。

（1）**树体特征**：落叶乔木，小枝紫褐色，老枝灰褐色。叶片宽卵形或三角状卵形，叶上面暗绿色有光泽，下面沿叶脉有短柔毛。伞房花序多花，萼筒钟状，花瓣白色。

（2）**果实特征**：果实近球形，深红色，有浅色斑点，小核3 ～ 5个。

山 楂

（3）**利用价值与分布**：山楂果可生吃或作果

酱果糕；干制后入药，有健胃、消积化滞、舒气散瘀之效。分布于海拔250 ~ 1 500米的山谷、林缘或灌木丛中。

（六）杏

杏，俗称杏花、杏树。

杏是人们生活中常见的一种重要经济果树。在花朵盛开时花朵颜色为白色或带红色，在园林中拥有不错的观赏价值，果实成熟后营养价值丰富，非常受人们的喜爱。杏种子（苦杏仁），苦，有小毒。降气止咳平喘，润肠通便。用于咳嗽气喘、胸满痰多、血虚津枯、肠燥便秘等治疗。杏可分为甜杏和山杏，老百姓一般把甜杏称为杏。

1. 甜杏——水果杏

（1）树体特征：叶互生，阔卵形或圆卵形叶子，边缘有钝锯齿，白色或微红色。

（2）果实特征：圆、长圆或扁圆形核果，果皮多为白色、黄色至黄红色，向阳部常具红晕和斑点；暗黄色果肉，味甜多汁；核面平滑没有斑孔，核缘厚而有沟纹。种仁多苦味或甜味。花期3 ~ 4月，果期6 ~ 7月。

（3）利用价值与分布：杏木质地坚硬，是做家具的好材料，杏树枝条可作燃料，杏叶可做饲料。以种子繁育为主，也可由实生苗作砧木作嫁接繁育。分布于山坡、丘陵或栽植于庭院。

甜杏的杏核、杏仁

甜杏树

2. 山杏

（1）树体特征：小枝多枝刺，叶形较小，先端长尖或尾尖，花色粉白。

（2）果实特征：果实圆润，果肉比较饱满，而山杏比较干硬，果肉不够厚，果无食用价值。山杏多数是长期种子繁殖的，未经过嫁接的杏树，坐果率不高。

（3）利用价值与分布：可绿化荒山，保持水土。果仁

山杏的杏仁

可入药，还是滋补佳品。山杏可作砧木，是选育耐寒杏品种的优良原始材料。分布于阳山坡上、丘陵或与落叶乔灌木混生。

开花的山杏树

（七）李

李的果实

（1）**树体特征**：落叶小乔木，野生分布较多，一般从山间野生李中挑选个大、口味佳、色泽好的李在村落内闲散空地栽植。

（2）**果实特征**：熟时呈黄色或紫红色。

（3）**利用价值与分布**：李具有补中益气、养阴生津、润肠通便的功效，尤其适用于气血两亏、面黄肌瘦、心悸气短、便秘、闭经、瘀血肿痛等症状的人多食。分布于山坡灌丛、山谷疏林中等处，或栽植于庭院之中。

（八）梨

蔷薇科苹果亚科。叶片多呈卵形，花为白色，或略带黄色、粉红色，有五瓣。果实形状有圆形的，也有基部较细、尾部较粗的，即俗称的梨形。梨是重要水果，不仅味美汁多，甜中带酸，而且营养丰富，含有多种维生素和纤维素。梨既可生食，也可蒸煮后食用。梨可以通便秘，利消化，对心血管也有好处。在民间，梨还有一种疗效，把梨去核，放入冰糖，蒸煮过后食用还可以止咳。

鸭 梨

1. 鸭梨

（1）**树体特征**：树势健壮，树皮暗灰褐色，一年生枝黄褐色，多年生枝红褐色，成枝率低。叶片广卵圆形，先端渐尖或突尖，基部圆形或广圆形。

（2）**果实特征**：果实倒卵圆形，近梗处有鸭头状突起，果面绿黄色，近梗处有锈斑。肉质极细酥脆，清香多汁，味甜微酸，丰产性好。

（3）**利用价值**：果肉黄白色，或灰褐色，味甜微酸。

2. 秋子梨

（1）**树体特征**：叶形大，叶边刺芒长。

（2）**果实特征**：果实黄色，果梗长1～2厘米。果实近球形，较小，直径2～6厘米，基部微下陷，果柄长1～2厘米。表面稍绿色，稍带褐色或黄色，常有红色斑点。花期5月，果期8～10月。

（3）**利用价值**：物种的实生苗在果园中常利用为梨的抗寒砧木，秋子梨是一种中药材、果实可解热去痰、叶可利水治水肿等。

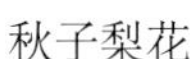

秋子梨花

秋子梨果

秋子梨树

3. 雪花梨

（1）**树体特征**：乔木，幼枝紫褐色。叶片卵圆形、椭圆形至长卵。伞形总状花序，花瓣白色。

雪花梨

（2）**果实特征**：果肉洁白如玉，似雪如霜，故称其为雪花梨。果肉细脆而嫩，汁多味甜，生食风味独特外，还可加工成梨罐头、梨脯、梨汁等。

（3）**利用价值与分布**：雪花梨还有较高的医用价值，具有清心润肺、利便、止咳、润燥清风、醒酒解毒等功效，中药“梨膏”即是用雪花梨配以中草药熬制而成的。雪花梨是主要分布在河北省中南部，早在北魏时就有是向宫廷进贡的土特产品，已有2 000多年的栽培历史。雪花梨也是河北省传统的大宗出口水果，在国内外久负盛誉。

4. 杜梨

（1）**树体特征**：乔木，高达10米，树冠开展，枝常具刺；小枝嫩时密被灰白色绒毛，二年生枝条具稀疏绒毛或近于无毛，紫褐色；叶片菱状卵形至长圆卵形；伞形总状花序，花瓣宽卵形，白色。

（2）**果实特征**：果实近球形，直径5～10毫米，褐色，有淡色斑点，基部具带绒毛果梗。花期4月，果期8～9月。

（3）**利用价值**：抗干旱，耐寒凉，生性强健，对水肥要求也不严。常做各种栽培梨的砧木，结果期早，寿命很长。枝叶、果实均可入药。枝叶用于霍乱，吐泻，转筋腹痛，反胃吐食。树皮用于皮肤溃疡。杜梨果实入药，具有消食止痢、润肠通便、消肿止痛、敛肺涩肠及止咳止痢之效；杜梨根、叶入药可润肺止咳、清热解毒，主要用于治疗干燥咳嗽、急性眼结膜炎等治疗。

杜 梨

杜 梨

（九）枣

（1）**树体特征**：落叶小乔木，树皮褐色或灰褐色；有长枝、短枝和无芽小枝（即新枝）。长枝光滑，紫红色或灰褐色，呈“之”字形曲折，叶纸质，卵形，花黄绿色，两性，花瓣倒卵状匙形，花盘厚，肉质，圆形。

（2）**果实特征**：核果长圆形或长卵圆形，成熟时红色，后变紫红色，中果皮肉质厚，核顶端锐尖，基部锐尖或钝；种子扁椭圆形。

（3）**利用价值与分布**：枣的果实味甜，除供鲜食外，常可以制成蜜枣和果脯，枣可药用，有养胃、健脾、益血、滋补、强身之效，枣仁和根均可入药，枣仁可以安神，为重要药品之一。生长于山坡、丘陵或平地等处。

枣

（十）石榴

（1）**树体特征**：原产中国西域，石榴树姿优美，枝叶秀丽，初春嫩叶抽绿，盛夏繁花似锦，色彩鲜艳；秋季累果悬挂，或孤植或丛植于庭院，对植于门庭之出处，列植于小道、溪旁、坡地、建筑物之旁。

（2）果实特征：石榴是一种浆果，其营养丰富。石榴成熟后，全身都可用，果皮可入药，果实可食用或压汁。

（3）利用价值：石榴还有极高的药用价值。石榴叶：收敛止泻、角毒杀虫。石榴皮：治涩肠止泻、止血、驱虫、痢疾、肠风下血、创伤出血、月经不调、虫积腹痛。石榴花：治鼻出血、中耳炎、创伤出血。

石榴树

石榴果实

（十一）桃

桃为常见水果，桃树干上分泌的胶质，俗称桃胶。可用作黏结剂等，为一种聚糖类物质，可食用，也供药用，有破血、和血、益气之效。梯田系统桃的类群有离核和粘核之分。

1. 山毛桃

（1）树体特征：山桃抗旱耐寒，移栽成活率极高，恢复速度快。

（2）果实特征：果梗短而深入果洼；果肉薄而干，不可食，成熟时不开裂；核球形或近球形，两侧不压扁，顶端圆钝，基部截形。

（3）利用价值：山桃的种子，中药名为桃仁，具有活血行润燥滑肠的功能。桃具有

山毛桃

山毛桃树

清热解毒，杀虫止痒的功能。用鲜品捣烂敷患处，痔疮、湿疹、头虱均煎水洗。桃花具有泻下通便，利水消肿的功能。山毛桃可作桃、梅、李等果树的砧木。种仁可榨油供食用。

2. 家桃

（1）**树体特征**：桃一般栽植在房前屋后院内，基本是移栽的。花通常单生，花瓣粉红色。

（2）**果实特征**：农家品种，由山毛桃嫁接而成，果梗短而深入果洼；核果带粉红色，肉厚，果肉白色、浅绿白色、黄色，多汁，气香，味甜或微甜酸。核大，离核或粘核，椭圆形或近圆形，种仁味苦。

（3）**利用价值**：桃果肉清津味甘。除生食之外亦可制果脯、罐头。果、叶均含杏仁酣，全株均可入药。

家桃树　　家桃树　　家 桃

（十二）苹果

苹果是蔷薇科苹果属，落叶果树，乔木，叶片椭圆形，基部宽楔形或圆形，边缘具圆锯齿。花蕾时粉色，果实扁球形。

苹果适生于山坡梯田，早期栽培的品种曾有国光、元帅、香蕉等。近期主要品种是从日本引进的富士苹果。

富士苹果

（1）**树体特征**：前期生长强旺，易徒长，生长量大。

（2）**果实特征**：富士结果早，丰产。果实大型，果面光滑，果粉多，蜡质层厚，果皮中厚而韧；底色黄绿，着色片红或鲜艳条纹红；果肉黄白色，致密细脆，多汁，酸甜适度，果实极耐贮藏，生理落果和采前落果很轻，成熟前无裂果现象。

（3）**利用价值**：富士苹果具有较高的科学价值和经济价值，具有降低血脂、降血压、预防癌症、抗氧化作用、强化骨骼、维持酸碱平衡等功能。此外，种植红富士苹果的经济价值较高。贮后肉质不发绵，风味变化小，失重少，病害轻。苹果营养丰富，热量不高，甚受减肥者欢迎。在食疗方面，用苹果皮加姜数片煮水喝，可止呕吐，可润肺止咳。

富士苹果

富士苹果

（十三）葡萄

葡萄属于葡萄科葡萄属，木质攀缘藤本。叶圆卵形，多花，花小，杂性异株；果实圆形、卵圆形、椭圆形、倒卵形等，颜色从淡绿色、绿色、淡黄色、粉色、深红、紫色到黑紫色，果肉多汁，味甜或稍酸。

1. 玫瑰香葡萄

玫瑰香葡萄是一个古老的品种。

（1）树体特征：植株生长中等，易产生落花落果和大小粒现象，穗松散，易患“水罐子”病，抗病中等。适宜棚架、篱架栽培。

（2）果实特征：葡萄颗粒小。未熟透时是浅浅的紫色，就像玫瑰花瓣一样，口感微酸带甜，一旦成熟却又紫中带黑，一入口，便有一种玫瑰的沁香醉入心脾，甜而不腻，绝没有一点苦涩之味。肉质坚实易运输，易贮藏，搬运时不易落珠。含糖量高达20%，色香味浓、着色好看，深受消费者喜爱。

（3）利用价值：鲜食和酿酒兼用品种，其酒具有典型的果香，但不易陈酿。

玫瑰香葡萄

玫瑰香葡萄

2. 冰葡萄

(1) **树体特征**：长势强、耐低温、多次结果能力强。梢尖半开张微带紫红色，茸毛中等密。幼叶浅绿色，成年叶片近圆形，叶柄洼宽广拱形，枝条表面光滑，红褐色。

(2) **果实特征**：果穗圆锥形，果粒着生较紧密。果粒大，近圆形，紫黑色或紫红色，果皮中厚，果皮与果肉易分离，平均果粒重9.5 ~ 10.8克。每果1 ~ 2粒种子。1年能结三茬果，成熟后具有独特香味，夏秋两季生产鲜果，冬季生产冰葡萄。

(3) **利用价值**：冰葡萄是一种新型的葡萄品种，果实成熟后能够长时间的保留在树上，采收期可延迟一个月左右。冰葡萄含糖量高达40%，是制作冰酒的主要原料。

冰葡萄

冰葡萄

三茬冰葡萄

3. 山葡萄

(1) **树体特征**：木质攀缘藤本。小枝圆柱形，无毛。叶大，花小，雌雄异株，为多花圆锥花序，花序与叶对生，雄花序形状不等，具稀疏丝状毛，花萼盘状。

(2) **果实特征**：浆果球形，熟时黑色，浓被蓝粉；含种子2 ~ 3粒，卵圆形，稍带红色。

(3) **利用价值**：山葡萄野生于山坡、沟谷林中或灌丛。在葡萄属中是抗寒能力最强的种类，果生食或酿酒，酒糟可制醋和染料，种子可榨油，叶和酿酒后的下脚料可提酒石酸。

山葡萄

四、食用菌类

《神农经》云：山川云雨、四时五行、阴阳昼夜之精，以生五色神芝，为圣王休祥。《瑞应图》云：芝草常以六月生，春青夏紫，秋白冬黑。旱作梯田系统由于地形复杂，气候独特。野生菌类资源丰富，在长期的生产实践中，梯田系统内的人民采食各类野生菌类有着悠久的历史。调查发现在梯田内蕴藏着丰富的木生菌、草生菌以及腐生菌，种类和数量较多，如地皮菜、马勃、木耳、灵芝等。

1. 地皮菜

（1）识别要点与分布：地皮菜又名地耳、地衣、地木耳，是真菌和藻类的结合体，一般生长在阴暗潮湿的地方，暗黑色，有点像泡软的黑木耳。藻体坚固、胶质，最初为球形，后扩展为扁平，有时会出现不规则的卷曲，形似木耳，在潮湿环境中呈蓝色、橄榄色；失水干燥后藻体呈黄绿色或黄褐色。

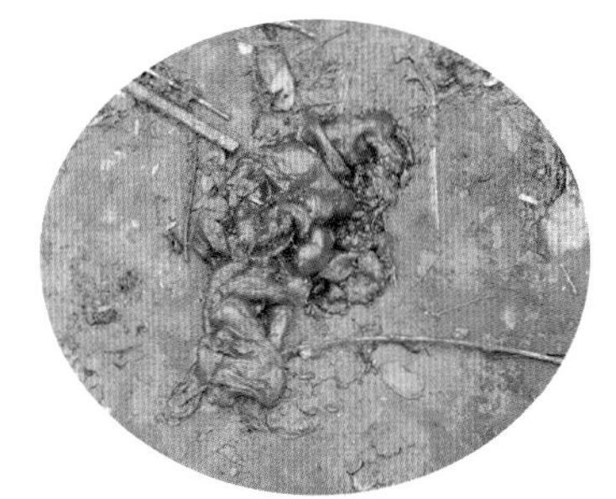

地皮菜

（2）功用价值与食用：地皮菜具有清热明目，收敛益气之功效。食用做汤别有风味，也可凉拌或炖烧。可炒鸡蛋、地耳包子、地耳土豆排骨汤、地耳萝卜排骨汤、地耳山药排骨汤。

2. 大马勃

（1）识别要点与分布：属灰包科马勃属腐生真菌。子实体球形至近圆球形至长圆形，

幼嫩的大马勃

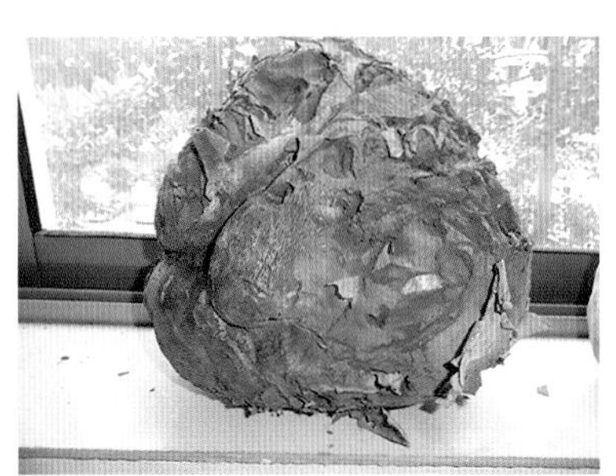

干制后的大马勃

包被薄，易消失，外包被白色，渐转成灰黄色或淡青黄色。成熟后裂成碎片而脱落，露出淡青褐色的孢体。秋季生于旷野的湿草丛中，单生到群生。

（2）功用价值与食用：马勃嫩时色白，圆球形如蘑菇，鲜美可食，嫩如豆腐，幼嫩马勃可炒食。老则褐色而虚软，弹之有粉尘飞出，内部如海绵。老时可作止血药。

3. 毛木耳

（1）识别要点：毛木耳又称黄背木耳，子实体胶质，浅圆盘形、耳形或不规则形，有明显基部，无柄，基部稍皱，新鲜时软，干后收缩。子实体生在里面，平滑或稍有皱纹，紫灰色，后变黑色。外面有较长茸毛，无色，常成束生长。

毛木耳

（2）功用价值与食用：毛木耳具有较高的药用价值，它具有滋阴强壮、清肺益气、补血活血、止血止痛等功用，对人体内许多营养物质的消化、吸收和代谢有很好的促进作用。毛木耳脆嫩可口，似海蜇皮，可以凉拌、清炒、煲汤，深受消费者的喜爱。

4. 树木耳

（1）识别要点：子实体丛生，常覆瓦状叠生，耳状、叶状，边缘波状。初期为柔软的胶质，黏而富弹性，以后稍带软骨质，干后强烈收缩，变为黑色硬而脆的胶质至近革质。背面外面呈弧形，紫褐色至暗青灰色，疏生短茸毛。

树木耳

（2）功用价值与食用：具有补气养血、润肺止咳、止血、抗癌功效。用于气虚血亏、肺虚久咳、咯血、衄血、血痢、痔疮出血、崩漏、石瘕等治疗。木耳色泽黑褐，质地柔软，味道鲜美，营养丰富，可素可荤。

5. 平盖灵芝

（1）识别要点：也称树舌，子实体多年生，侧生无柄，木质或近木栓质。菌盖扁平，半圆形、扇形、扁山丘形至低马蹄形；盖面皮壳灰白色至灰褐色，盖缘薄而锐。孢子卵圆形，一端有截头壁双层，外壁光滑，内壁有刺状突起、褐色。

平盖灵芝

（2）功用价值与食用：具有增强人体免疫功能、消除疲劳、保肝护肝以及止痛、清热、化积、止血、化痰、安神等功效。食用方法：①泡水，切成碎块，用开水浸泡后当茶喝。②熬水，将切片打碎，加水，像煎中药一样的熬水服。③泡酒，将干品切细粉碎后放入白酒瓶中密封浸泡，3天后，白酒变成棕红色时即可。④炖肉，无论猪肉、牛肉、羊肉、鸡肉，都可一并炖食。

6. 硬柄小皮伞

（1）识别要点：菌盖半肉质，扁半球形后平展，中部平或稍凸起；盖面干，平滑，淡肉色至土黄色，后褪为近白色；盖缘干或湿时稍有条纹。菌肉中部厚，稍强韧，肉质，类白色。菌褶离生，白色或淡色。菌柄圆柱形，平滑或有细茸毛，污白色，非脆骨质。

（2）功用价值与食用：具有追风散寒，舒筋活络功效。用于腰腿疼痛、手足麻木、筋络不适等治疗。此种蘑菇有香气，味鲜，口感好，可做小皮伞煎饼、伞花茄子。

硬柄小皮伞

7. 鸡腿菇（小孢毛鬼伞）

（1）识别要点：子实体中等。卵形到钟形，初期白色，后淡土黄色，顶端时常不开裂像小帽，向下多裂为同心环状向外反卷的大鳞片。孢子印黑色椭圆形，卵圆形。

（2）功用价值与食用：初期肉嫩可吃，味道鲜，但与酒同吃往往会引起轻度中毒。

鸡腿菇（小孢毛鬼伞）

鸡腿菇（小孢毛鬼伞）

8. 尖顶地星

（1）识别要点与分布：包被呈圆球形，顶部具一尖喙。外包被呈芒状，开裂5 ~ 8瓣，背面灰色，腹面肉桂色，有龟裂。内包被灰色，薄膜状。成熟时顶端开裂。夏秋两季雨后，常见于林内地上。

（2）功用价值与食用：子实体可以入药，有清肺、利咽、解毒、消肿、止血之功效。用于咳嗽、咽喉肿痛、痈肿疮毒、冻疮流水、吐血、衄血、外伤出血等治疗。

尖顶地星

尖顶地星

9. 红鬼笔

红鬼笔

（1）识别要点与分布：子实体高6 ～ 20厘米，幼期包于白色的肉质膜内。菌盖钟形，顶端平截，中央有一穿孔，外面具网络和凹巢。菌柄圆柱状，橘红色，向下色渐淡，中空，海绵质。夏秋季在屋旁、路边、山林等地上成群生长。多生长在腐殖质多的地方。

（2）功用价值与食用：子实体可入药，具有清热解毒、消肿生肌之功效。用于恶疮、痈疽、喉痹、刀伤、烫火伤等治疗。用法与用量：外用适量，研末敷，或香油调涂。

10. 米黄丛枝珊瑚菌

（1）识别要点与分布：珊瑚菌，别名刷把蕈、扫把菌、笤帚、红扫把。珊瑚菌的子实体由基部生出多回分枝，基柄粗大，圆柱状或柱状团块，光滑，基部白色，具粉状斑点手压后变褐色；菌肉白色，有蚕豆香味；由基部向上分叉，中上部呈多次分枝，成丛，淡粉色、肉桂红色，顶端呈指状丛集，蔷薇红色，老时肉褐色，孢子狭长，脐突一侧压扁，有斜长的斑马纹状平行脊突。夏秋季生长于山林内的腐殖质中。

（2）功用价值与食用：被称为野生之花，鲜甜爽口。可入药，具有和胃现气、祛风、破血缓中等作用，也可与各种荤素食品原料相搭配，既可炒、烩、爆、炸、熘，也可煮、拌、烧、煨、蒸、瓤、炖等。特别提示：先将干品反复多次洗净泥沙，再放入清水中浸泡20分钟待用。浸泡过的水可用来做汤或炒菜。菌内含异性蛋白质，食用蛋类、乳类、海鲜过敏者慎食。

米黄丛枝珊瑚菌

11. 松蘑

松 蘑

（1）**识别要点与分布**：松蘑，菌盖表面黏而光滑。淡褐色、黄褐色、红褐色。菌肉淡黄色，受伤不变色。菌管芥黄色，管口有腺点。菌柄近柱状，基部稍膨大，菌环膜质，生柄之上部。孢子浅黄色，近梭形至长方形，菌肉淡黄色，伤后不变色。菌柄圆柱形，上部具明显腺点，柄淡黄色。孢子淡黄色，长方形、椭圆形。夏秋季生长于松林中。

（2）**功用价值与食用**：松蘑菌肉口感软而黏滑，菌管部分脆嫩，味道鲜美。食用方法主要是将菌盖表皮剥去，沸水漂洗后炒吃，或洗净晒干，放通风干燥处备用。

12. 羊肚菌

羊肚菌

（1）**识别要点与分布**：菌盖近球形、卵形至椭圆形，顶端钝圆，表面有似羊肚状的凹坑。凹坑不定形至近圆形，蛋壳色至淡黄褐色，棱纹色较浅，不规则交叉。柄近圆柱形，近白色，中空，上部平滑，基部膨大并有不规则的浅回槽。夏秋季生长于山林中，多生长于阔叶林地上及路旁，单生或群生。还有部分生长在杨树林、果园、草地、河滩、榆树林、槐树林及上述林边的路旁河边。

（2）**功用价值与食用**：羊肚菌是药食两用的菌类，具有补肾壮阳、化痰理气、补脑提神、补脾益胃助消化等作用。羊肚菌的食用方法有很多，可以做羊肚菌汤以及清炒，晒干后打粉服用。

13. 草菇（小包脚菇）

（1）**识别要点与分布**：草菇是光柄菇科小包脚菇属真菌，别名美味草菇、美味苞脚菇、中国菇、小包脚菇等。菌柄中生，圆柱形；菌盖张开前钟形，展开后伞形，最后呈碟状，鼠灰色，中央色较深，四周渐浅，具有放射状暗色纤毛，有时具有凸起三角形鳞片；菌褶片状，呈辐射状排列，子实体未充分成熟时，菌褶白色，成熟过程中渐渐变为粉红色，最后呈深褐色。草菇多丛生于夏季雨后的草堆上。

（2）**功用价值与食用**：草菇能消食祛热，补脾益气，清暑热，滋阴壮阳，增加乳汁，防止维生素C缺乏，促进创伤愈合，护肝健胃，增强人体免疫力，是优良的食药兼用型的营养保健食品。草菇中含有大量的铁元素，具有养血的功效，可以用来治疗缺铁性贫血。还具有降血糖的功效，可以用来治疗高血糖，可以帮助排便，用来治疗便秘，可以促进生长发育，提高人体的免疫力。

草 菇

草 菇

14. 榆黄菇

(1) 识别要点与分布：榆黄菇子实体多，丛生或簇生，呈金黄色。菌盖喇叭状，光滑，宽2 ~ 10厘米，肉质，边缘内卷，菌肉白色。菌褶白色，衍生，稍密，不等长。菌柄白色至淡黄色，偏生，长2 ~ 12厘米，粗0.5 ~ 1.5厘米，有细毛；多数子实体合生在一起。榆黄菇生长力强、出菇快、生长期短、产量高，既可段木栽培，也可袋料栽培，菌丝生命力强，可在榆树、杨树、桦树、椴树、水曲柳、槐树等阔叶树锯屑培养基上生长发育。

榆黄菇

(2) 功用价值与食用：榆黄菇营养丰富，有改善记忆力及提高思维的敏捷度作用，能够对人体脑力、精力有恢复作用；能预防脂肪肝、心血管疾病和肾脏疾病的发生；还对脾胃虚弱有辅助治疗作用，还能缓解食少或停滞等症状，病后失调、体虚所致气血津液不足的肌肉萎缩或高血压、癌症患者也能得到合理的调养。榆黄菇洗净，泡一晚，然后再撕小朵，泡榆黄菇的水不要倒掉，把榆黄菇及泡榆黄菇的水倒入砂锅，把焯过水的鸡骨也一起放入砂锅煮；或将榆黄菇洗净撕成小块，黄瓜切薄片，与鸡蛋快速翻炒定型，保持其鲜嫩出锅。

15. 云芝（彩绒革盖菌）

(1) 识别要点与分布：子实体革质至半纤维质，侧生无柄，常覆瓦状叠生。菌盖半圆形至贝壳形，盖面有时白色，渐变为深色，呈灰、白、褐、紫、黑等多种颜色，并构成云纹状的同心环纹。常见大型真菌，主要是野生，生于多种阔叶树木桩、倒木和枝上。

(2) 功用价值与食用：云芝具有清热、解毒、消炎、抗癌、保肝等功效。食用云芝需要经过长时间煎煮、炖汤。

云 芝

五、可食野菜

五谷杂粮、瓜果菜蔬，是人类有目的地对植物进行驯化的结果。除此之外，自然界仍有大量可食用野生植物，是人类栽培植物的有益补充。在遭遇到不可抗拒的自然灾害时或在春季青黄不济时，采食野生植物就成为人们度荒的必然选择。我国是一个有着优良的饮食文化传统的国家，自商周食医、膳夫到唐之《食疗本草》，直至明代《食物本草》，采食野生植物提供了珍贵的资料。在1942年的华北大灾之年，晋冀鲁豫边区政府带领边区人民大量采集代食植物，为战胜敌祸天灾提供了有力支持。采集这些可食野菜，过去是人们度荒救灾的无奈之举，现在乃至将来，将是人们改善膳食结构，增强饮食多元化的有益补充。

1. 构树

(1) 识别要点：构树属于桑科构属，为乔木，高10～20米。叶常有明显分裂，构树的果穗为聚花果，成熟时橙红色，肉质，可食。

(2) 食用部位与方法：构树穗是长在树上的野菜，一般加入面粉蒸熟后吃。其树皮的韧皮纤维可作造纸材料，楮实子及根、皮可供药用。

构 树

2. 桑

(1) 识别要点：桑属于桑科，为乔木或灌木。树皮厚，灰色，叶卵形或广卵形，叶柄具柔毛；花单性，与叶同时生出；聚花果卵状椭圆形，成熟时红色或暗紫色。花期4～5月，果期5～8月。

(2) 食用部位与方法：树皮纤维柔细，可作纺织原料、造纸原料；叶、根皮、果实及枝条入药。果实桑葚可食，亦可酿酒。

桑树果实

桑 树

3. 藜

藜

（1）识别要点与分布：藜属于蓼科，又名灰灰菜。为一年生草本，茎直立，粗壮，具条棱及绿色或紫红色色条，叶片菱状卵形至宽披针形，有时嫩叶的上面有紫红色粉。一般生于村边、路旁、荒地及田间。

（2）食用部位与方法：幼苗可作蔬菜用，洗净蒸着吃或者用来凉拌。茎叶可喂家畜。全草又可入药，能止泻痢，止痒，可治痢疾腹泻；配合野菊花煎汤外洗，治皮肤湿毒及周身发痒。

4. 酸模

酸 模

（1）识别要点与分布：酸模属于蓼科，别名山菠菜、牛舌头棵、山羊蹄、山大黄，为多年生草本，根为须根，茎直立，基生叶和茎下部叶箭形，茎上部叶较小，具短叶柄或无柄。野生于山坡、林缘、沟边、路旁。

（2）食用部位与方法：酸模嫩茎、叶可作蔬菜，可凉拌、炒肉丝、土豆酸模等，也可作饲料。全草可入药，有凉血、解毒之效。

5. 酸模叶蓼

酸模叶蓼

（1）识别要点与分布：酸模叶蓼属于蓼科，别名柳叶蓼、大马蓼。一年生草本，高40 ~ 90厘米。茎直立，节部膨大；叶披针形或宽披针形，上面绿色；叶柄短，具短硬伏毛。野生于田边、路旁、水边、荒地或沟边湿地。

（2）**食用部位与方法**：其幼苗和嫩茎叶可直接食用或作为蔬菜食用。

6.地肤

（1）**识别要点与分布**：地肤属于藜科，又名扫帚苗。一年生草本，根略呈纺锤形，茎直立，圆柱状，淡绿色或带紫红色；分枝稀疏，叶为平面叶，披针形或条状披针形。常野生于田边、路旁、荒地等处。

（2）**食用部位与方法**：其幼苗及嫩茎叶可做蔬菜，可炒食或做馅，也可烫后晒成干菜贮备，食时用水泡开；或者炒肉丝，色泽鲜艳，味鲜爽口；可做成凉拌地肤、地肤饺子、清蒸地肤、地肤烧肉、地肤炒豆腐、蜜饯地肤苗。

地 肤

7.猪毛菜

（1）**识别要点与分布**：猪毛菜属于藜科，又名刺蓬、猪毛缨、蓬子菜。一年生草本，高50 ~ 100厘米。根略呈纺锤形，茎直立，圆柱状，淡绿色或带紫红色，有多数条棱；分枝稀疏，斜上；叶为平面叶，披针形或条状披针形。常野生于田边、路旁、荒地等处。

（2）**食用部位与方法**：嫩茎、叶可供食用。凉拌：将菜洗净去老根，用热水焯熟，捞出晾凉，用刀切碎，加入调料即成。清炒：洗净切段，热油加入葱花爆锅，加入猪毛菜翻炒至变色，然后加入调料，翻炒均匀。做发糕：猪毛菜和小葱洗净切碎备用；玉米面发酵后，加入盐、糖、鸡精，再加入猪毛菜搅拌均匀后，上火蒸15分钟，然后切成块即可。全草可入药，有降低血压作用。

猪毛菜

8.苋菜

（1）**识别要点与分布**：苋菜属于苋科，又名杏仁菜。一年生草本，茎粗壮，绿色或红色，有时具带紫色条纹，常分枝，幼时有毛或无毛，叶片菱状卵形或椭圆状卵形，圆锥花序顶生及腋生，直立，由多数穗状花序形成；花被片矩圆形或矩圆状倒卵形，胞果扁卵形，种子近球形。常野生于田园内、农地旁、房屋附近的草地上。

（2）**食用部位与方法**：苋菜的嫩茎叶可作蔬菜食用，新鲜的苋菜去掉根部，洗净切段块，可做成蒜蓉苋菜，也可凉拌；也可作成苋菜煎饼卷；也可做家畜饲料。全草药用，有明目、利大小便、去寒热的功效。

苋 菜

9. 马齿苋

（1）识别要点与分布：马齿苋属于马齿苋科，又名马齿菜、蚂蚱菜。一年生草本，全株无毛。茎平卧或斜倚，伏地铺散，多分枝，圆柱形，叶互生，有时近对生，叶片扁平，肥厚，花无梗，蒴果卵球形；种子细小，多数，偏斜球形，黑褐色。性喜肥沃土壤，耐旱亦耐涝，生命力强，生于菜园、农田、路旁，为田间常见杂草。

马齿苋

（2）食用部位与方法：其嫩茎叶可作蔬菜。将马齿苋洗净，切段，开水焯熟，可凉拌，也可马齿苋炒鸡蛋、马齿苋鸡蛋汤；马齿苋还是很好的饲料。全草可药用，有清热利湿、解毒消肿、消炎、止渴、利尿作用。

10. 麦瓶草

（1）识别要点与分布：麦瓶草属于石竹科，又名米瓦罐、麦黄菜、面条菜。一年生草本，全株被短腺毛。根为主根系，梢木质，茎单生，直立，不分枝。基生叶片匙形，茎生叶叶片长圆形或披针形，基部楔形，顶端渐尖，花直立，花萼圆锥形，花瓣淡红色，蒴果梨状，种子肾形，暗褐色。常生于麦田中或荒地草坡。

麦瓶草

（2）食用部位与方法：嫩茎叶可做蔬菜。将麦瓶草洗净切段，开水焯熟后可以凉拌、清炒、做馅料。全草也可入药，可治鼻出血、吐血、尿血、肺脓肿和月经不调等症。

11. 荠菜

（1）识别要点与分布：荠菜属于十字花科，又名地菜、地米菜。一年生、二年生草本植物。茎直立，基生叶丛生呈莲座状，大头羽状分裂；茎生叶窄披针形或披针形，基部箭形，抱茎；总状花序顶生及腋生；花瓣白色，卵形。短角果倒三角形或倒心状三角形，种子长椭圆形。野生于田野、路边及庭园。

荠 菜

（2）食用部位与方法：荠菜的种子、叶和根都可以食用，可煎汤、炒菜、做饺子食，或入丸散，捣烂外敷，凉拌、做菜馅、菜羹。全草入药，有利尿、止血、清热、明目、消积的功效。

12. 紫花地丁

紫花地丁

(1) 识别要点与分布： 紫花地丁属于堇菜科，又名野堇菜。多年生草本。无地上茎，根状茎短；叶多数，基生，莲座状；下部叶片较小，花中等大，紫堇色或淡紫色，稀呈白色，喉部色较淡并带有紫色条纹；花梗细弱，与叶片等长或高出于叶片，蒴果长圆形。野生于田间、荒地、山坡草丛、林缘或灌丛中。

(2) 食用部位与方法： 紫花地丁嫩叶可作野菜。全草可入药，能清热解毒、凉血消肿。

13. 堇菜

堇 菜

(1) 识别要点与分布： 堇菜属于堇菜科。多年生草本。根状茎短粗，基生叶叶片宽心形，茎生叶少，花小，花梗远长于叶片，蒴果长圆形或椭圆形，种子卵球形，淡黄色，花果期5～10月。生于湿草地、山坡草丛、灌丛、杂木林林缘、田野、宅旁等处。

(2) 食用部位与方法： 嫩叶可作野菜。全草可入药，能清热解毒、凉血消肿。

14. 薄荷

薄 荷

(1) 识别要点与分布： 薄荷属于唇形科，俗称土薄荷、野薄荷。多年生草本。茎直立，叶片长圆状披针形，基部楔形至近圆形，边缘在基部以上疏生粗大的牙齿状锯齿，沿脉上密生微柔毛，轮伞花序腋生，花柱略超出雄蕊，花盘平顶。小坚果卵珠形，黄褐色。花期7～9月，果期10月。生于水旁潮湿地。

(3) 食用部位与方法： 薄荷是一种能清吸口气的野菜，薄荷叶子可以做汤，或是炒鸡蛋吃。幼嫩茎尖也可做菜食。全草又可入药，治感冒发热喉痛、头痛、目赤痛、皮肤风疹瘙痒、麻疹不透等症。

15. 野大豆

野大豆

（1）**识别要点与分布**：野大豆属于豆科，俗称山黑豆。一年生缠绕草本植物，茎、小枝纤细，托叶片卵状披针形，顶生小叶卵圆形。总状花序花小，花冠淡红紫色或白色，旗瓣近圆形，荚果长圆形，种子间稍缢缩，椭圆形，稍扁，7～8月开花，8～10月结果。生于潮湿的田边、沟旁、沼泽、草甸、矮灌木丛或疏林下。

（2）**食用部位与方法**：种子及豆芽可食，种子及根、茎、叶均可入药。茎叶家畜喜食的饲料，可栽作牧草、绿肥和水土保持植物。

16. 槐

槐

（1）**识别要点与分布**：槐属于豆科，又名国槐。落叶乔木。奇数羽状复叶互生，顶生大型圆锥花序；花萼钟状，荚果圆柱形，果先端有细尖喙状物，种子间明显缢缩呈念珠状种子卵球形，淡黄绿色，干后黑褐色。花期7～8月，果期8～10月。原产于我国，在华北和黄土高地区尤为多见。

（2）**食用部位与方法**：花和荚果可食，也可入药，有清凉收敛、止血降压作用；叶和根皮有清热解毒作用，可治疗疮毒。

17. 刺槐（洋槐）

刺槐花

（1）**识别要点与分布**：刺槐属于豆科。落叶乔木，高10～25米；树皮灰褐色至黑褐色，总状花序腋生，花多数，芳香，花萼斜钟状，花冠白色。荚果褐色，或具红褐色斑纹，线状长圆形，种子2～15粒；种子褐色至黑褐色，微具光泽，种脐圆形，偏于一端。花期4～6月，果期8～9月。刺槐为温带树种，在年平均气温8～14℃、年降水量500～900毫米的地方生长良好。

（2）**食用部位与方法**：嫩枝叶、花、果实可食。①槐花做馅：用清水洗净，开水稍煮后，放清水里冲泡，以去掉青气，然后控晾干水分备用。②槐花焖饭：用清水冲洗，晾干放入盆里，倒入面粉搅拌均匀，使每个花朵粘满面粉，在笼屉上放块纱布，倒入槐花，并堆中扎几个出气孔，上火蒸10分钟。出笼放在盆里，搅拌散开，待凉后再入炒锅加油、葱、姜炒热，最后放盐出锅。③煎槐花饼：将面粉、盐、花椒粉以及鸡蛋加入槐花中，然后将所有搅拌均匀，最终搅成稠糊状，之后将调好的槐花糊摊开热油锅内煎烙，待烙至两面深黄。

18. 合欢树

（1）识别要点与分布：合欢树属于豆科。落叶乔木，高可达16米，树冠开展；小枝有棱角，嫩枝、花序和叶轴被绒毛或短柔毛；托叶线状披针形，二回羽状复叶，头状花序于枝顶排成圆锥花序；花粉红色；荚果带状，嫩荚有柔毛，老荚无毛。花期6 ～ 7月；果期8 ～ 10月。野生于山坡或栽培。

（2）食用部位与方法：嫩叶可食，老叶可以洗衣服；树皮可入药，有驱虫之效。

合 欢

19. 野皂角

（1）识别要点与分布：野皂荚属于豆科，又名山皂角、马角刺、小皂角、短荚皂角。灌木或小乔木，高2 ～ 4米；枝灰白色至浅棕色；幼枝被短柔毛，老时脱落；刺不粗壮，长针形，少数有短小分枝。羽状复叶，小叶斜卵形至长椭圆形；花杂性，绿白色，簇生，穗状花序或顶生的圆锥花序；荚果扁薄，斜椭圆形或斜长圆形；种子扁卵形或长圆形，褐棕色，光滑。花期6 ～ 7月，果期7 ～ 10月。生于海拔130 ～ 1 300米阳坡或路边。

（2）食用部位与方法：野皂角的嫩叶和果实可食。《救灾本草》记，"马鱼儿条"，嫩叶可食用："俗名山皂角。生荒野中。叶似初生刺，花叶而小。枝梗色红，有刺似针微小。叶味甘，微酸"。果实俗称马皮豆，未老的时候可以煮熟后吃。

野皂角

野皂角

20. 两型豆

（1）识别要点与分布：两型豆属于豆科。一年生缠绕草本。茎纤细，叶具羽状3小叶；托叶小，披针形或卵状披针形，顶生小叶菱状卵形或扁卵形。花二型：生在茎上部的为正常花，花梗纤细，花冠淡紫色或白色，另生于下部为闭锁花，无花瓣，柱头弯至与花药接触，子房伸入地下结实。荚果二型：生于茎上部的完全花结的荚果为长圆形或倒卵状长圆形，种子2～3颗，肾状圆形，黑褐色，种脐小；由闭锁花伸入地下结的荚果呈椭圆形或近球形，不开裂，内含一粒种子。花、果期8～11月。常生于山坡路旁及旷野草地上。

（2）食用部位与方法：种子及豆芽可食，种子及根、茎、叶均可入药。茎叶是家畜喜食的饲料。

两型豆

两型豆地上豆荚

两型豆地下豆荚

两型豆叶片

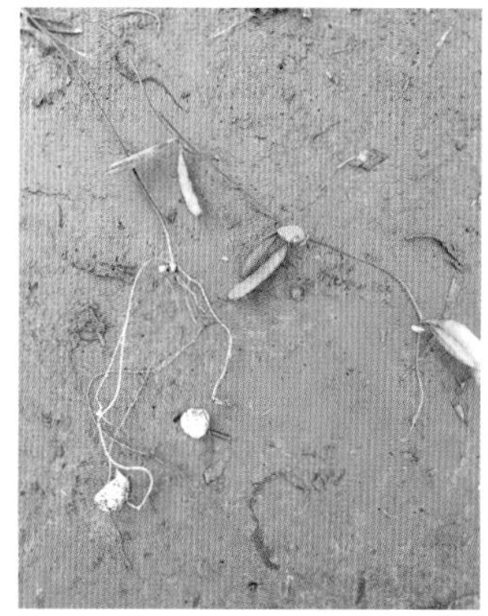

两型豆豆荚

21. 杠柳

（1）识别要点与分布：杠柳属于萝藦科，别名北五加皮、羊角条、羊奶条、羊角叶、香加皮。落叶蔓性灌木，主根圆柱状，外皮灰棕色，内皮浅黄色，除花外，全株无毛；茎皮灰褐色；叶卵状长圆形，叶面深绿色，叶背淡绿色；聚伞花序腋生，花萼裂片卵圆形，花冠紫红色，辐状，种子长圆形，黑褐色，顶端具白色绢质种毛。花期5～6月，果期7～9月。生于低山丘的林缘、沟坡、河边沙质地或地埂等处。

（2）食用部位与方法：杠柳的嫩茎叶可食，在春季缺少蔬菜时，采收杠柳枝端未展开的幼叶和幼嫩茎尖，把新鲜的嫩茎叶煮汤5分钟左右，然后捞出置于凉水中浸泡约1小时，之后可以凉拌、炒食，也可用于做酸菜或掺和面粉炸来吃，还可以做成饼吃。

杠柳花

杠 柳

22. 圆叶牵牛

(1) 识别要点与分布：圆叶牵牛属于旋花科，一年生缠绕草本。茎上被倒向的短柔毛及杂有倒向或开展的长硬毛。叶宽卵形或近圆形，花腋生，花冠漏斗状，蓝紫色或紫红色，花冠管色淡；蒴果近球形，种子卵状三棱形，黑褐色或米黄色，被褐色短绒毛。生于山坡灌丛、干燥河谷路边、园边宅旁、山地路边。喜肥美疏松土堆，能耐水涝和干旱，较耐盐碱。

(2) 食用部位与方法：幼苗及嫩茎叶可食。种子为常用中药，有泻水利尿、逐痰、杀虫的功效。

圆叶牵牛

圆叶牵牛

23. 田旋花

(1) 识别要点与分布：田旋花属于旋花科，多年生草本。根状茎横走，茎平卧或缠绕，叶卵状长圆形至披针形，叶柄较叶片短，花序腋生，花冠宽漏斗形，白色或粉红色，或白色具粉红或红色的瓣中带，或粉红色具红色或白色的瓣中带，蒴果卵状球形，或圆锥形，无毛，种子暗褐色或黑色。生于耕地及荒坡草地上。

(2) 食用部位与方法：幼苗及嫩茎叶可食。全草入药，调经活血，滋阴补虚。

田旋花

24. 打碗花

打碗花

（1）识别要点与分布：打碗花属于旋花科，俗称：老母猪草、小旋花、喇叭花。一年生草本，植株通常矮小，常自基部分枝，具细长白色的根。茎细，平卧，有细棱。基部叶片长圆形，叶片基部心形或戟形；苞片宽卵形，萼片长圆形，花冠淡紫色或淡红色，钟状，蒴果卵球形，种子黑褐色，表面有小疣。生长于农田、荒地、路旁。

（2）食用部位与方法：幼苗及嫩茎叶可食。嫩茎叶可作蔬菜以根状茎及花入药。夏秋采花鲜用。秋季挖根状茎，洗净晾干或鲜用。

25. 车前

车 前

（1）识别要点与分布：车前属于车前科，又名车轮草、牛舌草、猪耳草。二年生或多年生草本。须根多数，根茎短，稍粗。叶基生呈莲座状，平卧、斜展或直立；叶片薄纸质或纸质，花序直立或弓曲上升，穗状花序细圆柱状，花具短梗；花冠白色，无毛，冠筒与萼片约等长，裂片狭三角形，蒴果纺锤状卵形、卵球形或圆锥状卵形，种子卵状椭圆形或椭圆形，具角，黑褐色至黑色。花期4～8月，果期6～9月。生于草地、沟边、河岸湿地、田边、路旁或村边空旷处。

（2）食用部位与方法：幼苗、嫩茎叶可食用。洗干净，车前草开水焯好，切成丝后，可凉拌、可炒食。

26. 桔梗

桔 梗

（1）识别要点与分布：桔梗属于桔梗科，别名包袱花、铃铛花。多年生草本，通常无毛，叶全部轮生，部分轮生至全部互生，叶片卵形，卵状椭圆形至披针形，基部宽楔形至圆钝，顶端急尖，花单朵顶生，花萼筒部半圆球状或圆球状倒锥形，花冠大，蓝色或紫色。蒴果球状，或球状倒圆锥形，或倒卵状；花期7～9月。生于草丛、灌丛中，少生于林下，也作栽培。

（2）食用部位与方法：桔梗的花、幼嫩茎

叶、根茎均可食用。根可腌制咸菜或做泡菜，茎叶可清炒、炖汤。其根可入药，有止咳祛痰、宣肺、排脓等作用。

27. 轮叶沙参（南沙参）

（1）识别要点与分布：轮叶沙参属于桔梗科。多年生草本，茎生卵圆形至线状披针形；花序狭窄圆锥状，聚伞花序，花冠坛状钟形，蓝色或蓝紫色；蒴果球形、圆锥形或卵状圆锥形。种子黄棕色，长圆状圆锥形，稍扁，有条棱，并由棱扩展成一条白带。生于草地和灌木丛中。

（2）食用部位与方法：轮叶沙参的花、幼嫩茎叶、根茎均可食用。根可腌制咸菜或做泡菜，茎叶可清炒、炖汤。根可入药，具有养阴清肺、益胃生津、化痰、益气，用于肺热燥咳、阴虚劳嗽、干咳痰黏、胃阴不足、食少呕吐、气阴不足、烦热口干等治疗。

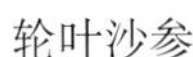
轮叶沙参

轮叶沙参花

28. 刺儿菜（小蓟）

（1）识别要点与分布：刺儿菜属于菊科，俗称小蓟、刺蓟。多年生草本，块根纺锤状或萝卜状。茎直立，分枝或不分枝，全部茎枝有条棱，被稠密或稀疏的多细胞长节毛，头状花序直立，少有头状花序单生茎端的；总苞钟状，总苞片覆瓦状排列，向内层渐长，瘦果压扁，偏斜楔状倒披针状，小花红色或紫色，冠毛浅褐色，多层，冠毛刚毛长羽毛状，4～11月开花结果。生于山坡林中、林缘、灌丛中、草地、荒地、田间、路旁或溪旁。

刺儿菜

（2）食用部位与方法：嫩茎叶可食，洗净，开水焯好，切段，可蒜蓉凉拌、可炒、也可做汤。地上部分可入药，具有凉血止血，散瘀解毒消痈功效。用于吐血、衄血、便血、尿血、崩漏、外伤出血、痈肿疮毒等治疗。

29. 鸦葱

鸦葱的花

（1）识别要点与分布：鸦葱属于菊科。多年生草本，根垂直直伸，黑褐色，茎多数，簇生，茎基被稠密的棕褐色纤维状鞘状残遗物。基生叶线形或长椭圆形，茎生叶少数，鳞片状，半抱茎，头状花序单生茎端，舌状小花黄色。瘦果圆柱状，冠毛淡黄色，与瘦果连接处有蛛丝状毛环。花果期4～7月。生于山坡、草滩及河滩地。

（2）食用部位与方法：鸦葱的地下芽、根茎、花和叶可食，鸦葱是早春较早的野菜。

30. 苣荬菜

苣荬菜

（1）识别要点与分布：苣荬菜属于菊科。多年生草本，根垂直直伸，茎直立，有细条纹，上部或顶部有伞房状花序分枝，基生叶多数，中下部茎叶全形、倒披针形或长椭圆形，羽状或倒向羽状深裂、半裂或浅裂，全部叶基部渐窄成长或短翼柄，但中部以上茎叶无柄，头状花序在茎枝顶端排成伞房状花序。舌状小花多数，黄色。瘦果稍压扁，长椭圆形，冠毛白色，柔软，彼此纠缠，基部连合成环。花果期1～9月。生于山坡草地、林间草地、潮湿地或近水旁、村边或河边砾石滩。

（2）食用部位与方法：苣荬菜民间食用已有2 000多年历史。《诗经·邶风·谷风》中有“谁谓荼（萱英菜）苦，其味如芽”之说。其吃法多种多样，择洗干净，生蘸黄酱食用，亦可将苦菜用开水烫后，换清水浸泡数小时，除去苦味，挤干水分切碎，之后可凉拌、做汤、沾酱生食、炒食或做饺子包子馅，或加工酸菜或制成消暑饮料。也可加面粉蒸熟吃，或是清炒来吃。

31. 抱茎苦荬菜

抱茎苦荬菜

（1）识别要点与分布：抱茎苦荬菜属于菊科。多年生草本，基生叶多数，长圆形，基部下延成柄，边缘具锯齿或不整齐的羽状深裂；茎生叶较小，卵状长圆形，先端急尖，基部耳形或戟形抱茎。头状花序密集成伞房状，舌状花黄色，先端截形，瘦果黑色，纺锤形，有细条纹及粒状小刺，冠毛白色。生于荒野、山坡、路旁、河边及疏林下。

（2）食用部位与方法：同苣荬菜。

32. 花叶滇苦菜

（1）识别要点与分布：花叶滇苦菜属于菊科。一年生草本，根倒圆锥状，褐色，垂直直伸。茎单生或少数茎成簇生。茎直立，短总状或伞房状花序分枝，基生叶与茎生叶同型，中下部茎叶长椭圆形、倒卵形，上部茎叶披针形，圆耳状抱茎，全部叶及裂片与抱茎的圆耳边缘有尖齿刺，两面光滑无毛，质地薄。头状花序少数，在茎枝顶端排稠密的伞房花序。总苞宽钟状，舌状小花黄色。瘦果倒披针状，褐色，冠毛白色。花果期5～10月。生于山坡、林缘及水边。

（2）食用部位与方法：同苣荬菜。花叶滇苦菜炒鸡蛋吃，或是焯水后凉拌吃。

花叶滇苦菜

花叶滇苦菜

33. 菊芋

（1）识别要点与分布：菊芋属于菊科，别名洋姜，块茎俗称“洋薑”。多年生草本，有块状的地下茎及纤维状根。茎直立，有分枝，被白色短糙毛或刚毛。叶通常对生，有叶柄，下部叶卵圆形或卵状椭圆形，有长柄，上部叶长椭圆形至阔披针形，头状花序较大，舌状花，舌片黄色，开展，长椭圆形。花期8～9月。较耐寒、耐旱、耐低温。对土壤适应性强，但酸性土壤和沼泽、盐碱地都是不宜种植的。

菊 芋

（2）**食用部位与方法**：新鲜的茎、叶作青贮饲料。块茎含有丰富的淀粉，是优良的多汁饲料。地下块茎富含淀粉、菊糖等果糖多聚物，可以食用，煮食或熬粥，也可加工制成酱菜。

34. 蒲公英

（1）**识别要点与分布**：蒲公英属于菊科，又名黄花地丁、婆婆丁。多年生草本，根圆柱状，叶倒卵状披针形、倒披针形或长圆状披针形，先端钝或急尖，叶柄及主脉常带红紫色，花葶与叶等长或稍长，头状花序，淡绿色。瘦果倒卵状披针形，暗褐色，冠毛白色。花期4～9月，果期5～10月。生于山坡草地、路边、田野、河滩。

（2）**食用部位与方法**：药食两用。食用可以凉拌、清炒、做馅儿包饺子、包子，或者将新鲜蒲公英焯水后冷冻，食用前解冻即可，用于做馅儿。干蒲公英用来泡水喝，泡发后可做馅儿。全草可入药，具有清热解毒、消肿散结、利尿通淋功效，用于疔疮肿毒、乳痈、瘰疬、目赤、咽痛、肺痈、肠痈、湿热黄疸、热淋涩痛等治疗。

蒲公英

蒲公英花

35. 牛蒡

（1）**识别要点与分布**：牛蒡属于菊科，又名大力子、东洋参。二年生草本，基生叶宽卵形，长达30厘米，宽达21厘米，多数头状花序，少数在茎枝顶端呈疏松的伞房花序或圆锥状伞房花序，瘦果倒长卵形或偏斜倒长卵形，两侧压扁，浅褐色。花果期6～9月。多生于山野路旁、沟边、荒地、山坡向阳草地、林边和村镇附近。喜温暖气候条件，地上部分耐寒力弱，直根耐寒性强，冬季地上枯死以直根越冬，翌春萌芽生长。

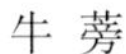

牛 蒡

牛蒡子

（2）**食用部位与方法**：牛蒡的肉质根可食，可炒食、煮食、生食或加工成饮料。牛蒡炒胡萝卜，并且用白醋姜蒜调味；牛蒡炖鸡，加入枸杞红枣姜片；牛蒡香菇玉米汤，牛蒡炖番茄牛肉。

36. 黄精

（1）**识别要点与分布**：黄精属于百合科。叶轮生，条状披针形，先端拳卷或弯曲成钩，根状茎圆柱状，由于结节膨大，因此“节间”一头粗、一头细，在粗的一头有短分枝，有时呈攀援状。花序通常似成伞形，花被乳白色至淡黄色，花被筒中部稍缢缩，浆果，黑色，具4～7颗种子。花期5～6月，果期8～9月。生于林下、灌丛或山坡阴处。

（2）**食用部位与方法**：可以用来泡酒，煮粥，炖鸡、鸭、鱼、肉，连汤带肉一起吃。

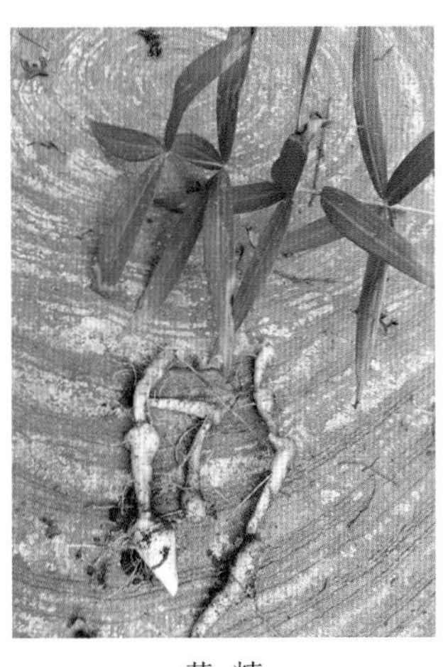
黄 精

黄 精

37. 百合

（1）**识别要点与分布**：百合属于百合科。鳞茎球形，鳞片披针形，无节，白色。茎有的有紫色条纹，叶散生，通常自下向上渐小，花单生或几朵排成近伞形，苞片披针形，花喇叭形，有香气，乳白色，外面稍带紫色，无斑点，向外张开或先端外弯而不卷，花药长椭圆形。蒴果矩圆形，有棱，具多数种子。花期5～6月，果期9～10月。生于山坡草丛中、疏林下、山沟旁、地边或村旁，也有栽培。

百合花

（2）**食用部位与方法**：鳞茎含丰富淀粉，可食，亦作药用，有润肺止咳、清热、安神和利尿等功效。可以与西芹一起炒食，能够润肠通便。亦可把百合、莲子、绿豆一起进行熬粥，预防支气管炎、慢性哮喘等，对痛风导致的炎症也有很好的辅助作用。

38. 玉竹

玉 竹

(1) 识别要点与分布： 玉竹属于百合科。根状茎圆柱形，叶互生，椭圆形至卵状矩圆形，花序具1～4花，花被黄绿色至白色，花被筒较直，花丝丝状，近平滑至具乳头状突起，浆果蓝黑色，具7～9颗种子。花期5～6月，果期7～9月。生于林下或山野阴坡。

(2) 食用部位与方法： 玉竹多食用其根状茎，根状茎洗净，去须根后，焯熟可凉拌、炒食、煲汤。也可采收茎叶包卷的锥状嫩苗，用开水烫后炒食或做汤。

39. 枸杞

(1) 识别要点与分布： 枸杞属于茄科。多分枝灌木，枝条细弱，弓状弯曲或俯垂，淡灰色，有纵条纹，叶和花的棘刺较长，小枝顶端锐尖成棘刺状。叶纸质，花在长枝上单生或双生于叶腋，在短枝上则同叶簇生；花冠漏斗状，淡紫色，筒部向上骤然扩大，梢短于或近等于檐部裂片，浆果红色，卵状，顶端尖或钝，种子扁肾脏形，黄色。花果期6～11月。常生于山坡、荒地、丘陵地、盐碱地、路旁及村边宅旁。有作药用、蔬菜或绿化栽培。

(2) 食用部位与方法： 果实（中药称枸杞子）可食，嫩叶可作蔬菜；种子油可制润滑油或食用油；果实与根皮（中药称地骨皮）可入药，有解热止咳之功效。

枸杞花

枸杞果

40. 榆树

(1) 识别要点与分布： 榆树属于榆科。落叶乔木，在干瘠之地长成灌木状；花先叶开放，在枝的叶腋成簇生状。翅果近圆形，稀倒卵状圆形，果梗较花被为短，花果期3～6月。生于山坡、山谷、川地、丘陵及沙岗等处。

(2) 食用部位与方法： 榆树皮内含淀粉及黏性物，磨成粉称榆皮面，掺入玉米、小麦面中与面粉混拌可蒸食。榆树的果实榆钱的吃法很多：一是生吃，榆钱洗净，根据个人口味进行凉拌；二是煮粥，将葱花或蒜苗炒后加水烧开，用大米或小米煮粥，米将熟时放入洗净的榆钱继续煮5 ～ 8分钟即可；三是蒸食，榆钱洗净，拌以玉米面或白面做成窝头，然后上笼蒸半小时即可起锅；四是做馅，榆钱洗净、切碎，加虾仁、肉或鸡蛋调匀后，包水饺、包子、卷煎饼；五是炒食，榆钱炒肉片、做榆钱汤。叶可作饲料。树皮、叶及翅果均可药用，能安神、利小便。

榆树叶　　榆树皮

41. 香椿

（1）识别要点与分布：香椿属于楝科，又名香椿芽。乔木，树皮粗糙，深褐色，片状脱落。叶具长柄，偶数羽状复叶，小叶对生或互生，圆锥花序与叶等长或更长，被稀疏的锈色短柔毛或有时近无毛，小聚伞花序生于短的小枝上，多花；具短花梗；花瓣白色，蒴果狭椭圆形，深褐色，果瓣薄；种子基部通常钝，上端有膜质的长翅，下端无翅。花期6 ～ 8月，果期10 ～ 12月。常栽培于房前屋后、村边、路旁，

香椿树干

（2）食用部位与方法：幼芽嫩叶芳香可口，供蔬食。香椿是一种辅助食材，不单独食用。可以选择香椿炒蛋、油炸香椿。香椿炒蛋做法：将香椿切碎，倒入蛋液里进行搅拌。将搅拌好的蛋液和香椿混合洒入油锅里煎炒。根皮及果入药，有收敛止血、去湿止痛之功效。

42. 铁苋菜

（1）识别要点与分布：铁苋菜属于大戟科，别称血见愁、铁苋。一年生草本，叶膜质，长卵形、近菱状卵形或阔披针形，花序腋生，花序轴具短毛，花梗无，蒴果，果皮具疏生毛和毛基变厚的小瘤体；种子近卵状，种皮平滑。花果期4 ～ 12月。生于山坡较湿润耕地和空旷草地。喜欢温暖湿润的气候，害怕干旱。以向阳、土壤肥沃的

潮湿地为宜。

（2）**食用部位与方法**：铁苋菜的嫩叶可食。其嫩叶营养丰富，富含蛋白质、脂肪、胡萝卜素和钙，开水焯后可凉拌或清炒，风味俱佳。全草或地上部分入药，具有清热解毒、利湿消积、收敛止血等功效，可用于肠炎、外伤出血、湿疹、皮炎、毒蛇咬伤等治疗。

铁苋菜

43. 楸

（1）**识别要点与分布**：楸属于紫葳科。乔木，高8～12米。叶三角状卵形或卵状长圆形，顶端长渐尖，基部截形，阔楔形或心形，花萼蕾时圆球形，花冠淡红色，蒴果线形，种子狭长椭圆形。花期5～6月，果期6～10月。楸树喜肥土，生长迅速，树干通直，木材坚硬，为良好的建筑用材，可栽培作观赏树、行道树，用根蘖繁殖。

（2）**食用部位与方法**：花、嫩叶可食。花可炒菜。明代鲍山《野菜博录》中记载：食法，采花炸熟，油盐调食。或晒干、炸食、炒食皆可。叶可喂猪。茎皮、叶、种子入药，果实味苦性凉，清热利尿，主治尿路结石、尿路感染、热毒疮廊，孕妇忌用。

楸树花

楸树果实

楸树果实

楸树叶

44. 旱柳

（1）**识别要点与分布**：旱柳属于杨柳科。乔木，大枝斜上，树皮暗灰黑色，枝细长，无毛，幼枝有毛。芽微有短柔毛，叶披针形，有光泽，下面苍白色或带白色，有细腺锯齿缘，幼叶有丝状柔毛；叶柄短，花序与叶同时开放。花期4月，果期4～5月。耐干旱、水湿、寒冷。常生长在干旱地或水湿地。

（2）**食用部位与方法**：春季柳树长出嫩叶之后，用开水焯熟以后，加调料拌匀食用，焯熟的嫩柳叶略有涩味，但不影响整体的口感。

柳 芽

45. 栾

（1）**识别要点与分布**：栾属于无患子科栾树属，落叶乔木或灌木。树皮厚，灰褐色至灰黑色，老时纵裂；皮孔小，灰至暗褐色；小枝具瘤点，与叶轴、叶柄均被皱曲的短柔毛或无毛。叶丛生于当年生枝上，平展，一回、不完全二回或偶有为二回羽状复叶，小叶卵形、阔卵形至卵状披针形。聚伞圆锥花序，蒴果圆锥形，具3棱，顶端渐尖，果瓣卵形，外面有网纹，内面平滑且略有光泽；种子近球形。喜光，稍耐半阴，耐寒，耐盐渍及短期水涝，耐干旱和瘠薄，喜欢生长于石灰质土壤中。

（2）**食用部位与方法**：嫩芽可食。早春的栾树叶嫩芽，经水泡加工后，香脆可口。可凉拌，焯熟后用凉水淘洗干净，去除苦味，加入油盐调拌食用。花供药用，可清肝明目，主治目赤肿痛、多泪。

栾 花

栾花序

六、药用植物

1. 卷柏

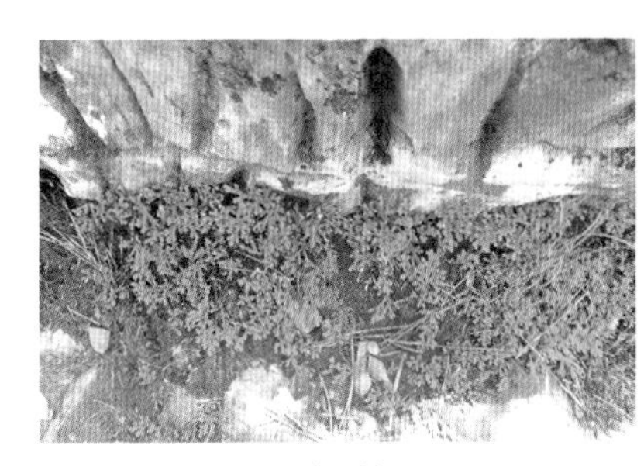
卷 柏

（1）识别要点与分布：卷柏属于卷柏科。多年生草本。茎分枝多而密，成莲座状或放射状丛生；各枝常为二歧或扇状分枝至二至三回羽状分枝。叶二型，四列，交互覆瓦状排列，侧叶长卵圆形，斜展，远轴的一边全缘，宽膜质，近轴的一边膜质缘极狭，有微锯齿；中叶卵状长圆形。生于荒山秃岭及干旱的岩石缝中。

（2）药用部位及价值：全草入药（卷柏）。活血通经，用于经闭、癥瘕、跌打损伤等治疗；炒炭用化瘀止血，用于吐血、便血、尿血、衄血等治疗。

2. 侧柏

侧 柏

（1）识别要点与分布：侧柏属于柏科。常绿乔木。小枝局平，全为篆片状叶包被，绿色或棕绿色；老枝圆柱形，红棕色。叶鳞片状，紧贴枝上，叶片斜方形。花单性，雌雄同株。球果直立，圆球形或卵状椭圆形，蓝绿色或绿色，肉质，被白色蜡粉，成熟时暗棕色，开裂。石灰岩山地、阳坡等多选用造林。

（2）药用部位及价值：枝梢和叶（侧柏叶）、成熟种仁（柏子仁）。侧柏叶：可凉血止血，化痰止咳，生发乌发；用于吐血、衄血、咯血、便血、崩漏下血、肺热咳吻、血热脱发、须发早白等治疗。柏子仁：具有养心安神，润肠通便，止汗功效；用于阴血不足、虚烦失眠、心悸怔忡、肠燥便秘、阴虚盗汗等治疗。

3. 葎草

（1）识别要点与分布：葎草属于桑科。一年生缠绕草本。茎枝和叶柄上密生短倒向钩刺，单叶对生，掌状5 ~ 7深裂，裂片卵形或卵状披针形，脉上有硬毛。花单性，雌雄异株。瘦果淡黄色，扁球形。生于路旁、沟边湿地、村寨篱笆上或林缘灌丛。

（2）药用部位及价值：地上部分入药（葎草）。具有清热解毒，利尿通淋功效；用于肺热咳嗽、肺痈、虚热烦渴、热淋、水肿、小便不利、湿热泻痢、热毒疮疡、皮肤瘙痒等治疗。

葎 草

4. 北马兜铃

（1）识别要点与分布：北马兜铃属于马兜铃科。多年生缠绕草本。叶互生，叶片三角状心形至宽卵状心形，基部深心形；花被喇叭状，花被管基部急剧膨大呈球形；蒴果近球形或宽倒卵形，成熟时沿室间开裂为6瓣。生于山野林旁、路旁、山坡灌丛中。

（2）药用部位：果实（马兜铃）、地上部分（天仙藤）入药。马兜铃：清肺、降气，止咳平喘、清肠消痔；用于肺热喘咳、痰中带血、肠热痔血、痔疮肿痛等治疗。天仙藤：苦、温，归肝、脾、肾经、行气活血、通络止痛；用于脘腹刺痛、风湿痹痛等治疗。

北马兜铃花

北马兜铃叶

北马兜铃果实与环境

5. 萹蓄

（1）识别要点与分布：萹蓄属于蓼科。一年生草本。植物体常有白色粉霜。单叶互生，长椭圆形或披针形，先端钝或急尖，基部楔形。花被5深裂，裂片椭圆形，绿色，边缘白色。瘦果小，黑褐色，卵状三棱形，大部为宿存花萼所包被。生于山坡、田野、路旁。

（2）药用部位及价值：地上部分入药（萹蓄）。具有利尿通淋、杀虫、止痒功效；用于热淋涩痛、小便短赤、虫积腹痛、皮肤湿疹、阴痒带下等治疗。

萹 蓄

6. 红蓼

（1）识别要点与分布：红蓼属于蓼科。一年生草本。单叶互生，叶片广卵形或卵形，基部近圆形或带楔形。总状花序由多数小花穗组成，顶生或腋生；花淡红色或白色。瘦果扁圆形，黑棕色，有光泽。生于山沟旁、路旁、村边或水边湿地。

荭 蓼

（2）药用部位及价值：成熟果实和果穗（水红花子）及带叶茎枝（红草）入药。水红花子：散血消癥，消积止痛，利水消肿；用于癥瘕痞块、瘿瘤、食积不消、胃脘胀痛、水肿腹水等治疗。红草：祛风除湿，清热解毒，活血消肿，截疟；用于风湿痹痛、痢疾、腹泻、吐泻转筋、水肿、脚气、痈疮疔疖、蛇虫咬伤、小儿疳积、疝气、跌打损伤、疟疾等治疗。

7. 水蓼（辣蓼）

（1）识别要点与分布：水蓼属于蓼科。一年生草本。单叶互生，托叶鞘筒形，叶片披针形，基部楔形。花序穗状，顶生或腋生，瘦果卵形，侧扁，暗褐色，具粗点。生于河滩、水沟边、山谷湿地。

水蓼（辣蓼）

（2）药用部位及价值：地上部分入药（水蓼）。行滞化湿，散瘀止血，祛风止痒，解毒；用于湿滞内阻、脘闷腹痛、泄泻、痢疾、小儿疳积、崩漏、血滞经闭痛经、跌打损伤、风湿痹痛、便血、外伤出血、皮肤瘙痒、湿疹、风疹、足癣、痈肿、毒蛇咬伤等治疗。

8. 波叶大黄

（1）识别要点与分布：波叶大黄属于蓼科。多年生草本。根茎表面黄褐色；基生叶有长柄，叶片卵形至卵状圆形，基部心形，边缘波状；茎生叶具短柄或无柄，托叶鞘长卵形，抱茎。圆锥花序顶生，花小。瘦果具3棱，有翅，基部心形，具宿存花被。在山地均有零星分布。

波叶大黄

（2）药用部位及价值：根和根茎入药（山大黄）。泻热解毒，凉血行瘀；用于湿热黄疸、痢疾、经闭腹痛、吐血、衄血、跌打瘀痛、痈肿疔毒、口舌糜烂、烧烫伤等治疗。

9. 牛膝

（1）识别要点与分布：牛膝属于苋科。多年生草本。叶对生，叶片椭圆形或倒卵圆形，穗状花序腋生和顶生，花被片绿色，披针形。胞果长圆形，果皮薄，包于宿萼内。生于屋旁、林缘、山坡草丛中，现有栽培。

（2）**药用部位及价值**：以根入药（牛膝）。逐瘀通经，补肝肾，强筋骨，利尿通淋，引血下行；用于经闭、痛经、腰膝酸痛、筋骨无力、淋证、水肿、头痛、眩晕、牙痛、口疮、吐血、衄血等治疗。

牛 膝

10. 商陆

（1）**识别要点与分布**：商陆属于商陆科。多年生草本。根肥大肉质。叶互生，叶片椭圆形至长椭圆形，基部楔形。总状花序顶生或与叶对生，花两性，花被片白色、淡黄绿色或带粉红色，椭圆形至长圆形。果实为肉质浆果，由5～8（10）个分果组成，熟时紫黑色。生于山沟边或林下，以及林缘路边湿润的土壤中。

（2）**药用部位及价值**：以根入药（商陆）。逐水消肿，通利二便；外用解毒散结；用于水肿胀满、二便不通等治疗；外治痈肿疮毒。

商 陆

11. 白头翁

（1）**识别要点与分布**：白头翁属于毛茛科。多年生草本。全株密被白色长柔毛。叶基生，叶三全裂。花单一，钟形；萼片6，排成二轮，花瓣状，紫色，外面密被长绵毛。瘦果多数密集成头状，顶端有细长羽毛状宿存花柱，形似白发，因此称白头翁。生于山坡草地、林缘、荒野向阳处。

（2）**药用部位及价值**：以根入药（白头翁）。清热解毒，凉血止痢；用于热毒血痢、阴痒带下等治疗。

白头翁

白头翁花

白头翁果实

白头翁生长环境

12. 牡丹

（1）**识别要点与分布**：牡丹属于毛茛科。落叶小灌木。二回三出复叶，顶生小叶3深裂几达基部，侧生小叶斜卵形，花单生，花瓣5或为重瓣，白色、红紫色或黄色，倒卵形。蓇葖果卵形，密被黄色短柔毛，顶端有嘴。牡丹在我国有数千年的自然生长和1 500多年的人工栽培，并早引种世界各地。

（2）**药用部位及价值**：以根皮入药（牡丹皮）。清热凉血，活血化瘀；用于热入营血、温毒发斑、吐血衄血、夜热早凉、无汗骨蒸、闭经痛经、跌扑伤痛、痈肿疮毒等治疗。

牡丹花

牡 丹

牡丹根

13. 芍药

（1）**识别要点与分布**：芍药属于毛茛科。多年生草本。叶互生，近革质，二回三出复叶，羽片3。花1至数朵生于茎顶或分枝顶端，花大，白色或带粉红色；萼片3～5，倒卵状椭圆形，先端伸展，果期宿存；花瓣8～11枚，倒卵形或倒卵状椭圆形。蓇葖果卵形或椭圆形，先端钩状弯曲；种子椭圆形至球形，黑色，有光泽。山坡草地及林下，现有栽培。

芍 药

（2）药用部位及价值：以根入药（白芍）。养血调经，敛阴止汗，柔肝止痛，平抑肝阳；用于血虚萎黄、月经不调、自汗、盗汗、胁痛、腹痛、四肢挛痛、头痛眩晕等治疗。

14. 大叶铁线莲

（1）识别要点与分布：大叶铁线莲属于毛茛科。直立半灌木。叶对生，三出复叶，小叶亚革质或厚纸质，宽卵形、卵圆形或近圆形。聚伞花序顶生或腋生，花梗粗壮，有白色糙绒毛；花杂性，萼片4，蓝紫色，窄长圆形或宽线形，先端常反卷。瘦果卵形，红棕色，宿存花柱羽毛状。常生于山坡沟谷、林边及路旁的灌丛中。

（2）药用部位及价值：以全草入药（草牡丹）。祛风除湿，止泻痢，消痈肿；用于风湿痹痛、腹泻、痢疾、瘰病等治疗。

大叶铁线莲花

大叶铁线莲

15. 黄花铁线莲

（1）识别要点与分布：黄花铁线莲属于毛茛科。草质藤本。叶对生，二回羽状复叶，聚伞花序腋生，通常具3朵花，萼片4，狭卵形或长圆形，黄色。瘦果卵至形椭圆状卵形，扁，宿存花柱长羽毛状。生于山坡、路旁或灌丛中。

（2）药用部位及价值：以全草入药（铁线透骨草）。祛风除湿，通络止痛；用于风湿痹痛四肢麻木、拘挛疼痛、牛皮癣、疥癞等治疗。

黄花铁线莲

16. 太行铁线莲

（1）识别要点及分布：太行铁线莲属于毛茛科。落叶藤本。一至二回羽状复叶，小叶卵形至卵圆形或长圆形。圆锥状聚伞花序或总状聚伞花序；萼片4～5，白色，开展。瘦果，卵形至椭圆形，被柔毛。生于山坡草地、丛林中或路旁。

（2）药用部位及价值：以根、叶入药（太行铁线莲）。祛风除湿，通络止痛，利尿，消肿解毒；用于跌打损伤、风湿性筋骨痛、肢体麻木等治疗。

太行铁线莲

17. 华北耧斗菜

华北耧斗菜

（1）识别要点及分布：华北耧斗菜属于毛茛科。多年生草本。基生叶一至二回三出复叶，小叶菱状倒卵形或宽菱形，3裂，边缘有圆齿。花序具少数花，萼片紫色，狭卵形，花瓣和萼片同色，顶端圆截形，基部延伸成距，末端钩状内曲，蓇葖果，种子黑色，光滑。生于山地草坡或林边。

（2）药用部位及价值：以全草入药（耧斗菜）。活血调经，凉血止血，清热解毒；用于痛经、崩漏、痢疾等治疗。

18. 地笋

地 笋

（1）识别要点与分布：地笋属于唇形科。多年生草本。叶交互对生，叶片披针形，基部楔形，边缘具锐齿。轮伞花序腋生；花萼钟形，具刺尖头，边缘有毛；花冠钟形，白色，稍露出于花萼，外面在冠檐上具腺点，内面在喉部具白色短柔毛，冠檐不明显二唇形。小坚果扁，平暗褐色。生于沼泽地、水边、沟边等潮湿处。

（2）药用部位及价值：以地上部分（泽兰）、根茎（地笋）入药。泽兰：活血调经，祛瘀消痈，利水消肿；用于月经不调、经闭、痛经、产后瘀血腹痛、疮痈肿毒、水肿腹水等治疗。地笋：化瘀止血，益气利水；用于止血、吐血、产后腹痛、黄疸、水肿、带下、气虚乏力等治疗。

19. 蝙蝠葛

蝙蝠葛

（1）识别要点与分布：蝙蝠葛属于防己科。草质藤本。叶纸质或近膜质，心状扁圆形，掌状脉9 ～ 12条。圆锥花序单生或有时双生，有花数朵至20余朵。核果紫黑色。生于山地灌木丛中或攀援于岩石上。

（2）药用部位及价值：以根茎入药（北豆根）。清热解毒，祛风止痛。用于咽喉肿痛、热毒泻痢、风湿痹痛等治疗。

20. 秃疮花

秃疮花

(1) **识别要点及分布**：秃疮花属于罂粟科。二年生草本，全株含淡黄色液汁。基生叶丛生，叶片狭倒披针形，羽状深裂。聚伞花序，萼片卵形，绿色；花瓣倒卵形或圆形，黄色蒴果线形；种子卵圆形，具网纹。生于草坡或路旁、田埂等处。

(2) **药用部位及价值**：以全草入药（秃疮花）。清热解毒，消肿止痛，杀虫。用于咽喉痛，牙痛等治疗；外用治瘪疬、秃疮、疥癣、痈疖、寻常疣。

21. 菘蓝

(1) **识别要点与分布**：菘蓝属于十字花科。二年生草本。叶互生，基生叶莲座状，长圆状椭圆形，全缘或波状；茎生叶长圆形或长圆状披针形。复总状花序，花黄色，花瓣4，倒卵形。短角果长圆形，扁平，边缘翅状，紫色。菘蓝喜温暖气候，耐寒，怕涝，种植时要选择土层深厚、土质疏松肥沃、排水良好的沙质土壤或富含腐殖质的土壤梯田。

(2) **药用部位及价值**：以根（板蓝根）、叶（大青叶）入药。板蓝根：清热解毒，凉血利咽；用于瘟疫时毒、发热咽痛、温毒发斑、痄腮、烂喉丹痧、大头瘟疫、丹毒、痈肿等治疗。大青叶：清热解毒，凉血消斑；用于温病高热、神昏、发斑发疹、痄腮、喉痹、丹毒、痈肿等治疗。

菘 蓝

菘 蓝

菘 蓝

22. 长叶地榆

(1) **识别要点与分布**：长叶地榆属于蔷薇科。基生小叶带状长圆形至带状披针形，基部微心形至宽楔形；茎生叶较多，与基生叶相似，但较细。穗状花序长圆柱形，雄蕊与萼片近等长。生于山坡、湿地、草甸、灌丛中及田边。

(2) **药用部位及价值**：以根入药（地榆）。凉血止血，解毒敛疮；用于便血、痔血、血痢、崩漏、水火烫伤、痈肿疮毒等治疗。

长叶地榆

长叶地榆穗

长叶地榆

23. 翻白草

(1) 识别要点与分布：翻白草属于蔷薇科。多年生草本。基生叶对生或互生；小叶长圆形或长圆状披针形，下面密被白色或灰白色绵毛；茎生叶卵形或宽卵形，边缘常有缺刻状牙齿，下面密被白色绵毛。花两性；聚伞花序，萼片三角状卵形，副萼片披针形，比萼片短，外被白色绵毛；花瓣黄色，倒卵形，先端微凹或圆钝，比萼片长。生于山地、丘陵阳坡、林缘、路边或旷野草丛中。

翻白草

(2) 药用部位及价值：以全草入药（翻白草）。清热解毒，止痢，止血；用于湿热泻痢、痈肿疮毒、血热吐衄、便血、崩漏等治疗。

24. 苦参

(1) 识别更点与分布：苦参属于豆科。落叶灌木。奇数羽状复叶，小叶11 ~ 25，长椭圆形或长椭圆状披针形，基部圆形或宽楔形。总状花序顶生；花萼钟状，先端5裂；花冠淡黄白色。荚果线形，先端具长喙，种子间稍缢缩，呈不明显念珠状，成熟后不开裂；

苦参花

苦参果实

特大苦参

种子1～5粒，近球形，棕黄色。生于沙地或向阳山坡草丛中及溪沟边。

（2）药用部位及价值：以根入药（苦参）。清热燥湿，杀虫，利尿；用于热痢、便血、黄疸尿闭、赤白带下、阴肿阴痒、湿疹、湿疮、皮肤瘙痒、疥癣麻风等治疗；外用治阴痒带下。

25. 歪头菜

（1）识别要点与分布：歪头菜属于豆科。多年生草本。小叶2，卵形、椭圆形或卵状披针形，基部斜楔形。总状花序腋生；花萼斜钟形，萼齿5，三角形；花冠蓝色、蓝紫色或紫红色。荚果窄长圆形，扁平，褐黄色；种子扁球形，棕褐色。生于向阳山坡、灌丛、草地、林下。全县各地均有分布。

（2）药用部位及价值：以全草入药（歪头菜）。补虚，调肝，利尿，解毒；用于虚劳、头晕、胃痛、水肿、疔疮等治疗。

歪头菜

歪头菜花

26. 皂荚

（1）识别要点与分布：皂荚属于豆科。落叶乔木，树干有棘刺。偶数羽状复叶，小叶3～8对，对生或互生，小叶矩卵形或卵形。总状花序腋生或顶生、花杂性，花萼钟状，先端4裂；花冠左右对称，淡绿色，花瓣4，椭圆形。荚果长条形，红棕色或紫棕色，有的稍弯曲，有时被白色蜡粉，先端具长缘；种子多数。生于山坡林中或谷地、路旁，常栽培于庭院或宅旁。

皂 刺

（2）药用部位及价值：以果实（大皂角）、棘刺（皂角刺）、种子（皂角子）入药。大皂角：祛痰开窍，散结消肿；用于中风口噤、昏迷不醒、癫病痰盛、关窍不通、喉痹痰阻、顽痰喘咳、咳痰不爽、大便燥结等治疗；外治痈肿。皂角刺：消肿托毒，排脓，杀虫；用于痈疽初起或脓成不溃等治疗；外用治疥癣麻风。皂角子：润肠通便，祛风散热，化痰散结；用于大便燥结、肠风下血、痢疾里急后重、痰喘肿满、疝气疼痛、瘰病、肿毒、疮癣等治疗。

27. 蒺藜

蒺 藜

（1）识别要点与分布：蒺藜属于蒺藜科。一年生草本。偶数羽状复叶，互生或对生；花小，黄色，单生于叶腋；果五角形，由5个分果瓣所组成，成熟时分离，每果瓣呈斧形，两端有长短不等的硬尖刺各1对，背面有短硬毛及瘤状突起。生于荒丘、田边、路旁及河边。

（2）药用部位及价值：以果实入药（蒺藜）。平肝解郁，活血祛风，明目，止痒；用于头痛眩晕、胸胁胀痛、乳闭乳痈、目赤翳障、风疹瘙痒等治疗。

28. 臭椿

（1）识别要点与分布：臭椿属于苦木科。落叶乔木。奇数羽状复叶互生，小叶卵状披针形，柔碎有臭气。花小，绿白色，杂性，集成大形顶生圆锥花序；花瓣5～6枚。翅果扁平，长椭圆形；种子卵圆形或近圆形，扁平，淡褐色，光滑。生于山坡、路旁，或栽培于庭院、村边；山坡有大量分布。

（2）药用部位及价值：以根皮或干皮（椿皮）、果实（凤眼草）入药。椿皮：清热燥湿，收涩止带，止泻，止血；用于赤白带下、湿热泻痢、久泻久痢、便血、崩漏等治疗。凤眼草：清热燥湿，止痢，止血；用于痢疾、白浊、带下、便血、尿血、崩漏等治疗。

山坡上的臭椿

臭椿叶

臭椿花序

29. 远志

（1）识别要点与分布：远志属于远志科。多年生草本。根圆柱形，弯曲。叶互生，线形至狭线形，基部渐狭成短柄。总状花序有稀疏的花，花绿白色，带紫。蒴果卵圆形而扁，翅宽1毫米以上；种子卵形，扁平黑色，密被白色细绒毛。生于向阳山坡、岩石缝或路旁；全县各地均有分布。

（2）药用部位及价值：以根（远志）入药。安神益智，交通心肾，祛痰，消肿；用于心肾不交引起的失眠多梦、健忘惊悸、神志恍惚、咳痰不爽、疮疡肿毒、乳痛等治疗。

远 志

远志花

30. 地锦

（1）识别要点与分布：地锦属于大戟科。一年生匍匐小草本。全草含白色乳汁。叶通常对生，叶片长圆形或椭圆形，基部褊狭，边缘有不甚明显的细锯齿。杯状聚伞花序单生于叶腋；总苞倒圆锥形，浅红色或绿色，顶端4裂，裂片长三角形。蒴果三棱状球形；种子卵形，黑褐色或黑灰色，外被白色蜡粉。生于荒地、路旁及田间。

（2）药用部位及价值：以全草（地锦草）入药。清热解毒，凉血止血，利湿退黄；用于痢疾、泄泻、咯血、尿血、便血、崩漏、疮疖痈肿、湿热黄疸等治疗。

地 锦

31. 南蛇藤

（1）识别要点与分布：南蛇藤属于卫矛科。落叶攀援灌木。单叶互生，叶片近圆形、宽倒卵形或长椭圆状倒卵形，基部楔形。腋生短聚伞花序，有花5～7，花淡黄绿色，雌雄异株；花萼裂片5，卵形；花瓣5，卵状长椭圆形。蒴果球形，种子卵形至椭圆形，有红色肉质假种皮。生于丘陵、山沟及山坡灌丛中。

（2）药用部位及价值：以果实（藤合欢）、藤茎（南蛇藤）入药。藤合欢：养心安神，和血止痛；用于心悸失眠，健忘多梦，牙痛，筋骨痛，腰腿麻木，跌打损伤等治疗。南蛇藤：祛风湿，通经止痛，活血解毒；用于风湿痹痛、四肢麻木、瘫痪、头痛、牙痛、痛经、小儿惊风、跌打扭伤、痢疾、带状疱疹等治疗。

南蛇藤果实

南蛇藤

32. 酸枣

（1）**识别要点与分布**：酸枣属于鼠李科。落叶灌木，稀为小乔木。单叶互生，叶片长圆状卵形至卵状披针形，基部圆形，稍偏斜。花小，2 ～ 3朵簇生于叶腋；花萼5裂，裂片卵状三角形；花瓣5，黄绿色，与萼片互生。核果肉质，近球形，成熟时暗红褐色；果皮薄，有酸味。生于向阳或干燥的山坡、路旁及荒地。

（2）**药用部位及价值**：以种子（酸枣仁）入药。养心补肝，宁心安神，敛汗，生津；用于虚烦不眠、惊悸多梦、体虚多汗、津伤口渴等治疗。

酸枣花

酸枣树

33. 柴胡

（1）**识别要点与分布**：柴胡属于伞形科。多年生草本。茎单一或多数，具细纵棱，上部多回分枝，微“之”字形曲折。叶披针形或倒披针形，基部渐窄至长柄，先端具突尖。复伞形花序顶生或腋生；总苞片1 ～ 2，披针形，常脱落；小总苞片5 ～ 7，有3条明显脉纹；花瓣5，黄色，先端向内反卷。双悬果椭圆形，每棱槽中油管3，很少4，合生面4。生于背阴山坡及灌木林缘中，现有栽培。

（2）**药用部位及价值**：以根（柴胡）入药。疏散退热，疏肝解郁，升举阳气；用于感冒发热、寒热往来、胸胁胀痛、月经不调、阴挺、脱肛等治疗。

野生柴胡

山地梯田柴胡

柴胡药材

34. 防风

（1）识别要点与分布： 防风属于伞形科。多年生草本。根粗壮，根头处密被纤维状叶残基。叶片卵形或长圆形，二至三回羽状分裂。复伞形花序多数，伞辐5～10，不等长，无总苞片，小总苞数片，披针形；萼齿三角状卵形；花瓣5，白色，先端钝截。双悬果卵形，幼嫩时有疣状突起，成熟时渐平滑，每棱槽中通常有油管1，合生面有油管2。生于丘陵和多石砾山坡上。

（2）药用部位及价值： 以根（防风）入药。祛风解表，胜湿止痛，止痉；用于感冒头痛、风湿痹痛、风疹瘙痒、破伤风等治疗。

防 风

35. 连翘

（1）识别要点与分布： 连翘属于木樨科。灌木。小枝褐色，髓中空，梢四棱形。单叶对生，或偶有三出小叶，叶片卵形、宽卵形或椭圆状卵形，基部圆形或宽楔形，叶除基部外有不整齐锯齿。花先叶开放，1至数朵，腋生；花萼基部合生成管状，上部4深裂，

连翘叶

连翘果

连翘花

裂片与花冠筒等长；花冠黄色，裂片4，卵圆形，花冠管内有橘红色的条纹。蒴果狭卵形，稍扁，木质，外有散生的瘤点。生于山坡灌丛、疏林及草丛中。

（2）药用部位及价值：以果实（连翘）入药。清热解毒，消肿散结，疏散风热；用于痈疽、瘰疬、乳痈、丹毒、风热感冒、温病初起、温热入营、高热烦渴、神昏发斑、热淋涩痛等治疗。药用其叶，对治疗高血压、痢疾、咽喉痛等效果较好。

36. 鹅绒藤

（1）识别要点及分布：鹅绒藤属于萝藦科。缠绕草本。叶薄纸质，宽三角状心形或心形，先端急尖或短渐尖。伞形聚伞花序腋生，两歧；花萼裂片窄长三角形；花冠白色，裂片披针形，副花冠二形，杯状，上萼蓇葖果双生或近1个发育，细圆柱锥形；种子椭圆形，种毛白色绢质。生于山坡向阳灌木丛中或路旁、河畔、田埂边。

（2）药用部位及价值：以根或乳汁（鹅绒藤）入药。清热解毒，消积健胃，利水消肿；用于小儿食积、疳积、水肿、疣等治疗。

鹅绒藤

37. 菟丝子

（1）识别要点与分布：菟丝子属于旋花科。一年生缠绕寄生草本。花多数丛生，花梗粗壮，苞片鳞片状；花萼杯状，先端5裂；花冠白色，钟状，5浅裂，裂片三角状卵形，向外反卷，花冠管基部具鳞片5，长圆形，先端及边缘撕裂状。蒴果近球形，几乎全为宿存的花冠包围，成熟时整齐周裂；种子卵形，淡褐色，表面粗糙。生于田边、路边、荒地及灌木丛中，多寄生于豆科、菊科、藜科等草本植物。

（2）药用部位及价值：以种子（菟丝子）入药。补益肝肾，固精缩尿，安胎，明目，止泻；外用消风祛斑；用于肝肾不足、腰肤酸软、阳痿遗精、遗尿尿频、肾虚胎漏、胎动不安、目昏耳鸣、脾肾虚泻，外治白癜风等治疗。

菟丝子

菟丝子

38. 金灯藤

（1）识别要点与分布：金灯藤属于旋花科。一年生寄生草本。茎较粗壮，缠绕，肉质，橘红色。穗状花序；花冠钟状，淡红色或绿白色，裂片卵状三角形。蒴果卵圆形，近基部周裂：种子褐色，表面光滑。生于田边、路边、荒地及灌木丛中，寄生于草本或木本植物上。

（2）药用部位及价值：以种子（大菟丝子）入药。补肝肾、益精髓，明目，安胎；用于腰膝酸软、遗精、目昏、尿频、小便淋漓、流产、胎动不安等治疗。

金灯藤

金灯藤

39. 荆条

（1）识别要点与分布：荆条属于马鞭草科。落叶小灌木。掌状复叶有长柄，叶椭圆状卵形至卵状披针形。花成顶生或腋生圆锥状聚伞花序，花小形，蓝紫色或白色，花梗短。小核果周围有5齿裂的宿存花萼。多生长于山地阳坡及林缘，在阳坡灌丛中多占优势，生长良好。

（2）药用部位及价值：以果实（黄荆子）入药。祛风解表，止咳平喘，理气消食，止痛；用于伤风感冒、咳嗽、哮喘、胃痛吞酸、胁痛、疝气等治疗。

荆 条

荆条穗

荆条花

40. 黄芩

（1）识别要点与分布：黄芩属于唇形科。多年生草本。叶交互对生，披针形，圆锥花序顶生，具叶状苞片；花萼二唇形，紫绿色，上唇背部有盾状附属物，果时增大，膜

黄 芩

质；花冠二唇形，蓝紫色或紫红色，上唇盔状，下唇宽，中央常有浅紫色斑，花冠管细，基部骤曲，直立。小坚果4，球形，黑褐色；有瘤，包围于增大的宿萼中。生于山野向阳的干燥山坡，常见于路边及山坡草地，现广为栽培。

（2）**药用部位及价值**：以根（黄芩）入药。清热燥湿，泻火解毒，止血，安胎；用于湿温、暑湿、胸闷呕恶、湿热痞满、泻痢、黄疸、肺热咳嗽、高热烦渴、血热吐衄、痈肿疮毒、胎动不安等治疗。

41. 夏至草

夏至草

（1）**识别要点与分布**：夏至草属于唇形科。多年生草本。叶对生，叶片轮廓近圆形，掌状3深裂，两面均密生细毛。花轮有花6 ~ 10，腋生；花萼钟形，外面被有细毛，喉部有短毛，齿端有尖刺；花冠白色，钟状，外面被有短柔毛，冠筒内面无毛环。小坚果褐色，长圆状三棱形，有鳞秕。生于低山的水边、路旁旷地上。

（2）**药用部位及价值**：以全草（夏至草）药。养血活血，清热利湿；用于月经不调、产后瘀滞腹痛、血虚头昏、半身不遂、跌打损伤、水肿、小便不利、目赤肿痛、疮痈、冻疮、牙痛、皮疹瘙痒等治疗。

42. 荆芥

（1）**识别要点与分布**：荆芥属于唇形科。一年生草本。叶对生，茎基部的叶羽状深裂，裂片5，中部及上部无叶柄，羽状深裂，花为轮伞花序，多轮密集于枝端，形成穗状，花小，浅红紫色；花萼漏斗状倒圆锥形，被白色柔毛，先端5齿裂，裂片卵状三角

荆芥穗

荆芥花穗

荆芥穗

形；花冠二唇裂，上唇较小，呈凹头匙形，下唇较大，小坚果卵形或椭圆形，表面光滑，棕色。生于山坡、草地。

（2）**药用部位及价值**：以地上部分（荆芥）药。解表散风，透疹，消疮；用于感冒、头痛、麻疹、风疹、疮疡初起等治疗。

43. 益母草

（1）**识别要点与分布**：益母草属于唇形科。一年或二年生草本。叶对生；茎下部叶轮廓为卵形，掌状3裂；茎中部叶轮廓为菱形，常分裂成3个或偶有多个长圆状线形的裂片。轮伞花序腋生；花萼管状钟形，外面贴生微柔毛，内面上部被柔毛，具宽三角形萼齿5；花冠粉红至淡紫红色，冠檐二唇形。小坚果长圆状三棱形，淡褐色，光滑。生于山地、荒野，全县各地均有大量分布。

（2）**药用部位及价值**：以地上部分（益母草）、果实（茺蔚子）药。益母草：活血调经，利尿消肿，清热解毒；用于月经不调、痛经经闭、恶露不尽、水肿尿少、疮疡肿毒等治疗。茺蔚子：活血调经，清肝明目；用于月经不调、经闭痛经、目赤翳障、头晕胀痛等治疗。

益母草

44. 冬凌草（碎米桠）

（1）**识别要点与分布**：冬凌草属于唇形科。小灌木。叶对生，近菱形，基部常下延成假翅。聚伞花序具花3 ~ 7，在枝顶组成窄圆锥花序；花萼开花时钟形，带紫红色，外面密被灰色微柔毛及腺点；花冠淡蓝色或淡紫红色，二唇形。小坚果倒卵状三棱形，褐色无毛。生于山坡、林下、灌丛等处。

（2）**药用部位及价值**：以地上部分（冬凌草）入药。清热解毒，活血止痛；用于咽喉肿痛、癥瘕痞块、蛇虫咬伤等治疗。

冬凌草生长环境

冬凌草植株

45.丹参

丹参花

（1）识别要点与分布：丹参属于唇形科。多年生草本。奇数羽状复叶，小叶卵形或椭圆状卵形，基部宽楔形或斜圆形。轮伞花序有花6至多朵，组成顶生或腋生的总状花序，密被腺毛和长柔毛；花萼钟状，先端二唇形，萼筒喉部密被白柔毛；花冠蓝紫色，二唇形，上唇直立，略成镰刀状，先端微裂，下唇较上唇短，先端3裂。小坚果长圆形，熟时暗棕色或黑色，包于宿萼内。生于山坡草地、林下、溪旁等处。

（2）药用部位及价值：以根和根茎（丹参）入药。活血祛瘀，通经止痛，清心除烦，凉血消痈；用于胸痹心痛、脘腹胁痛、癥瘕积聚、热痹疼痛、心烦不眠、月经不调、痛经经闭、疮疡肿痛等治疗。

46.曼陀罗

曼陀罗

（1）识别要点与分布：曼陀罗属于茄科。草本或半灌木状。叶广卵形，顶端渐尖，边缘有不规则波状浅裂。花单生于枝杈间或叶腋；花萼筒状，筒部有5棱角，两棱间稍向内陷，宿存部分随果实而增大并向外反折；花冠漏斗状，下半部带绿色，上部白色、紫色或淡紫色。蒴果直立生，卵状，表面生有坚硬针刺或有时无刺而近平滑，规则4瓣裂。生长于宅旁、路边或草地上，县内有分布。

（2）药用部位及价值：以种子（曼陀罗）入药。镇痛，祛风，平喘，止咳；用于哮喘、咳嗽、胃痛、牙痛、风湿痹痛、跌打损伤、手术麻醉等治疗。

47.酸浆

酸 浆

（1）识别要点与分布：酸浆属于茄科。多年生草本。叶在茎下部者互生，在中上部者常二叶同生一节呈假对生；叶片广卵形至卵形，基部圆形至广楔形而骤狭下延至叶柄上部。花单生于叶腋，花萼钟状、绿色，萼齿5，三角形；花冠广钟状、白色，裂片5，阔而短，先端急尖，外有短毛。宿萼呈阔卵形囊状，橙红色至朱红色，薄革质，先端尖；浆果封于宿萼囊中，球形。生于旷野或山坡、林缘等。

（2）药用部位及价值：以宿萼或带果实的宿萼（锦灯笼）入药。清热解毒，利咽化痰，利尿通淋；用于咽痛音哑、痰热咳嗽、小便不利、热淋涩痛等治疗；外治天疱疮，湿疹。

48. 地黄

（1）识别要点与分布：地黄属于玄参科。多年生草本。基生叶成丛，叶片倒卵状披针形，基部渐窄下延成叶柄。总状花序；花萼钟形，先端5裂，裂片三角形；花冠宽筒状，稍弯曲，外面暗紫色，内面杂以黄色，有明显紫纹，先端5浅裂，略呈二唇状，裂片先端近于截形。蒴果球形或卵圆形，先端尖，上有宿存花柱，外为宿存花萼所包。种子多数。生于田埂、路旁、荒山坡。

（2）药用部位及价值：以块根（地黄）入药。鲜地黄：清热生津，凉血，止血；用于热病伤阴、舌绛烦渴、温毒发斑、吐血、衄血、咽喉肿痛等治疗。生地黄：清热凉血，养阴生津；用于热入营血、温毒发斑、吐血衄血、热病伤阴、舌绛烦渴、津伤便秘、阴虚发热、骨蒸劳热、内热消渴等治疗。熟地黄：补血滋阴、益精填髓；用于血虚萎黄、心悸怔忡、月经不调、崩漏下血、肝肾阴虚、腰膝酸软、骨蒸潮热、盗汗遗精、内热消渴、眩晕、耳鸣、须发早白等治疗。

地黄花　　地　黄

49. 阴行草（北刘寄奴）

阴行草（北刘寄奴）

（1）识别要点与分布：阴行草属于玄参科。一年生草本。1～2次羽状细裂，叶两面及边缘被褐色柔毛及腺毛。花生于枝顶，密集成穗形的总状花序；花萼膜质，长筒状纺锤形，外具10条棱，沿棱上有短柔毛，萼筒先端5裂；花冠黄色，唇形，伸出花萼外，上唇兜状，下唇3裂。蒴果狭长椭圆形或线形，表面黑褐色，熟时室背开裂，内有多数种子。种子细小，卵形至卵状菱形，表面褐色。生于低山山坡及草地上。

（2）药用部位及价值：以全草（北刘寄奴）入药。活血祛瘀，通经止痛，凉血，止血，清热利湿；用于跌打损伤、外伤出血、瘀血经闭、月经不调、产后瘀痛、癥瘕积聚、血痢、血淋、湿热黄疸、水肿腹胀、白带过多等治疗。

50. 金银花（忍冬）

（1）识别要点与分布：金银花属于忍冬科。多年生半常绿缠绕木质藤本。叶对生，叶片卵形、长圆卵形或卵状披针形，基部圆形或近心形。花成对腋生；花萼短小，无毛，5齿裂，裂片卵状三角形或长三角形；花冠唇形，上唇4浅裂，外面被短毛和腺毛，上唇4裂片先端钝形，下唇带状而反曲。浆果球形，成熟时蓝黑色，有光泽。生于山坡灌丛、田埂、路边等。

金银花

（2）药用部位及价值：以花蕾或带初开的花（金银花）、茎枝（忍冬藤）入药。金银花：清热解毒，疏散风热；用于痈肿疔疮、喉痹、丹毒、热毒血痢、风热感冒、温病发热等治疗。忍冬藤：清热解毒、疏风通络；用于温病发热、热毒血痢、痈肿疮疡、风湿热痹、关节红肿热痛等治疗。

51. 糙叶败酱

（1）识别要点及分布：糙叶败酱属于败酱科。多年生直立草本。基生叶倒披针形或倒窄卵形，边缘具浅锯齿或2～4羽状浅裂或深裂；茎生叶对生，1～4对羽状深裂至全裂。圆锥聚伞花序，多枝在顶端集成伞房状；苞片对生，线形，通常不裂或少至2～3裂；花黄色；花冠管状，管短，基部一侧膨大成囊状，顶端5裂。瘦果长圆柱状，背贴于圆形膜质薄片。生于石质丘陵坡地石缝或较干燥的阳坡草丛中。

糙叶败酱

（2）药用部位及价值：以根（墓头回）入药。燥湿止带，收敛止血，清热解毒；用于赤白带下、崩漏、肠痈、泄泻、痢疾、痈肿疔疮、疮疡肿毒、跌打损伤等治疗。

52. 栝楼

（1）识别要点与分布：栝楼属于葫芦科。多年生草质藤本。叶互生，叶片宽卵状心形或扁心形，3～5浅裂至深裂，裂片菱状倒卵形。雄花3～8朵成总状花序；萼片线形，全缘；花冠白色，花冠裂片扇状倒三角形，先端有流苏。果实宽卵状椭圆形至球形，稀卵形，果瓤橙黄色；种子扁平，卵状椭圆形，浅棕色，光滑，近边缘处有一圈棱线。生于山坡林下、灌丛中、草地、村旁田边、阴湿山谷中，现有栽培。

（2）药用部位及价值：以根（天花粉）、果实（瓜蒌）、果皮（瓜蒌皮）、种子（瓜蒌子）入药。天花粉：清热生津，消肿排脓；用于热病烦渴、肺热燥渴、内热消渴、疮疡肿毒等治疗。瓜蒌：清热绦痰、宽胸散结、润燥滑肠；用于肺热咳嗽、痰浊黄稠、胸痹心痛、结胸痞满、乳痈、肺痈、大便秘结等治疗。瓜蒌皮：清化热痰、利气宽胸；用于痰热咳嗽、胸闷胁痛等治疗。瓜蒌子：润肺化痰、滑肠通便；用于燥咳痰黏、肠燥便秘等治疗。

栝 楼

栝楼花

53. 双边栝楼

（1）识别要点与分布：双边栝楼属于葫芦科。与栝楼相似，区别在于叶片稍大，3～7深裂几达基部，裂片线状披针形，花序的花较少，种子较大，极扁平，呈长方椭圆形，长15～18毫米，宽8～9毫米，深棕色，距边缘稍远处有一圈不甚整齐的明显棱线。花、果期同栝楼。生于山谷、林边等处。

（2）药用部位及价值：以根（天花粉）、果实（瓜蒌）、果皮（瓜蒌皮）、种子（瓜蒌子）入药。价值同栝楼。

双边栝楼

双边栝楼

54. 赤瓟

（1）识别要点与分布：赤瓟属于葫芦科。多年生蔓生草本。叶互生，叶片广卵状心形，基部心形。花腋生、单一，雌雄异株；雄花的花梗短而细，雌花的花梗长而粗；萼短钟形。裂片线状披针形、反折；花冠黄色，钟形，5深裂，花瓣狭卵形。果实卵状长圆形，先端有残存的花柱基。表面橙黄色、红棕色或橙红色，有光泽，被柔毛，有10条明显的纵纹。种子卵形，黑色，平滑无毛。生于山坡、河谷及林缘。

（2）**药用部位及价值**：果实（赤瓟）入药。理气，活血，祛痰，利湿；用于反胃吐酸、肺痨咯血、黄疸、痢疾、胸胁疼痛、跌打扭伤筋骨疼痛、闭经等治疗。

赤 瓟

赤瓟花

55. 党参

（1）**识别要点与分布**：党参属于桔梗科。多年生草质藤本，具浓臭。叶在主茎及侧枝上的互生，在小枝上的近于对生；叶片卵形或窄卵形，基部近于心形。花单生于枝端，与叶柄互生或近于对生；花萼5裂，裂片宽披针形或狭长圆形，顶端钝或微尖；花冠钟状，黄绿色，内面有紫斑，先端5裂，裂片正三角形。蒴果圆锥形；种子多数，细小，卵形，棕黄色。生于山地灌木丛中及林缘。

党 参

（2）**药用部位及价值**：以根部（党参）入药。健脾益肺，养血生津；用于脾肺气虚、食少倦怠、咳嗽虚喘、气血不足、面色萎黄、心悸气短、津伤口渴、内热消渴等治疗。

56. 苍耳

（1）**识别要点与分布**：苍耳属于菊科。一年生草本，被灰白色糙伏毛。叶三角状卵形或心形，通常3浅裂。头状花序单性同株。雄花序球形，密集枝端，密生柔毛，花多数，总苞片1列；花冠管状，5齿裂；雌花序椭圆形，生于叶腋，有2花，总苞片2～3列，外列总苞片10或更多，内列2总苞片较大，结合成一个2室的囊状总苞。瘦果2，倒卵形，无冠毛，包藏于有刺的总苞内。生于荒野、草地、路旁等向阳处。

苍 耳

（2）药用部位及价值：以成熟带总苞的果实（苍耳子）、全草（苍耳草）入药。苍耳子：散风寒，通鼻窍，祛风湿；用于风寒头痛、鼻塞流涕、鼻鼽、鼻渊、风疹瘙痒、湿痹拘挛等治疗。苍耳草：祛风散热，除湿解毒；用于感冒头痛、头风头晕、鼻渊、目赤翳障、风湿痹痛、拘挛麻木、疔疮、风癞、疥癣、皮肤瘙痒、痔疮、痢疾等治疗。

57. 鬼针草

（1）识别要点与分布：鬼针草属于菊科。一年生草本。叶对生，叶片二回羽状分裂，第一回分裂深达中肋，裂片再次羽状分裂。头状花序；总苞杯状；外层苞片5～7，线形，草质，内层苞片膜质，椭圆形；舌状花1～3，舌片黄色，管状花黄色，顶端5齿裂。瘦果线形，具3～4棱，具瘤状突起及小刚毛，顶端芒刺3～4，具倒刺毛。生于山坡、路旁、农田或水旁。

鬼针草

（2）药用部位及价值：以地上部分（鬼针草）入药。清热解毒，祛风除湿，活血消肿；用于咽喉肿痛、泄泻、痢疾、黄疸、肠痈、疔疮肿毒、蛇虫咬伤、风湿痹痛、跌打损伤等治疗。

58. 艾草

（1）识别要点与分布：艾草属于菊科。多年生草本。中部叶一至二回羽状深裂或全裂。头状花序多数，排列成复总状；总苞片钟形或长圆形钟形，外层卵形，内层长圆状倒卵形，边缘膜质；边花雌性，8～13枚，花冠狭管锥形；盘花两性，9～10枚，花冠管状钟形，红紫色；花序托半球形。瘦果长圆形，长约1毫米。生于荒地、林缘、路旁、沟边。

艾 草

（2）药用部位及价值：以叶（艾叶）入药。温经止血，散寒止痛；用于吐血、衄血、崩漏、月经过多、胎漏下血、小腹冷痛、经寒不调、宫冷不孕等治疗；外用治皮肤瘙痒。醋艾炭温经止血，用于虚寒性出血等治疗。

59. 茵陈

（1）识别要点与分布：茵陈属于菊科。二年生至多年生草本。叶密集；下部叶与不育枝的叶同形，叶长圆形，2或3次羽状全裂；中部叶2次羽状全裂；上部叶无柄，3裂或不裂。头状花序极多数；总苞卵形或近球形，总苞片3～5层，每层3片，覆瓦状排列，卵形、椭圆形、长圆形或宽卵形；花杂性，均为管状花。瘦果小，长圆形或倒卵形，长约0.7毫米，具纵条纹，无毛。生于山坡、路边。

（2）药用部位及价值：以地上部分（茵陈）入药。清利湿热，利胆退黄；用于黄疸尿少、湿温暑湿、湿疹瘙痒等治疗。

茵 陈

60.菊花

（1）识别要点与分布：菊花属于菊科。多年生草本。单叶互生，叶卵形至披针形，基部楔形或近心形。头状花序单生或数个集生于茎枝顶端；总苞半球形，外层卵形或卵状披针形，中层倒卵形，内层长椭圆形；花托呈半球形；舌状花白色、黄色、淡红色或紫色，或因品种不同有极多的变化；管状花黄色。瘦果不发育，无冠毛。栽培于田间、山坡或庭院；井店镇、索堡镇有大量栽培。

（2）药用部位及价值：以头状花序（菊花）入药。散风清热，平肝明目，清热解毒；用于风热感冒、头痛眩晕、目赤肿痛、眼目昏花、疮痈肿毒等治疗。

白菊花

黄菊花

61.蓝刺头

（1）识别要点与分布：蓝刺头属于菊科。多年生草本。叶二回羽状分裂或深裂，基生叶具长柄，长圆状倒卵形；上部叶长椭圆形至卵形。复头状花序球形，蓝色；外总苞刚毛状；内总苞片外层为匙形，内层为菱形至长圆形；花冠筒状，先端5裂，窄长圆形，淡蓝色，筒部白色。瘦果圆柱形，密生黄褐色柔毛，冠毛长约1毫米。生于山坡草丛中或山野向阳处。

蓝刺头

（2）药用部位及价值：以根（禹州漏芦）入药。清热解毒，消痈，下乳，舒筋通脉；用于乳痈肿痛、痈疽发背、瘰疬疮毒、乳汁不通、湿痹拘挛等治疗。

62. 半夏

（1）识别要点与分布：半夏属于天南星科。多年生草本，块茎圆球形。叶常1～2；幼苗常为单叶，卵状心形；2～3年后老叶为3全裂，裂片长椭圆形至披针形。花单性同株，肉穗花序，佛焰苞绿色或绿白色，管部圆柱状；肉穗花序顶端的附属器青紫色，细长而尖，稍呈"之"字形弯曲，伸出佛焰苞之外。浆果卵状椭圆形或卵圆形，绿色，长4～5毫米，先端尖狭，花柱明显。生于田间、山坡、溪边阴湿的草丛中或林下。

（2）药用部位及价值：以块茎（半夏）入药。燥湿化痰，降逆止呕，消痞散结；用于湿痰寒痰、喘咳痰多、痰饮眩悸、风痰眩晕、痰厥头痛、呕吐反胃、胸脘痞闷、梅核气等治疗；外治痈肿痰核。

种植半夏

半夏植株

63. 一把伞南星

（1）识别要点与分布：一把伞南星属于天南星科。多年生草本。叶1，稀2；叶片放射状分裂，裂片7～20，披针形、长圆形至椭圆形。花单性，雌雄异株，肉穗花序由叶柄鞘部抽出；佛焰苞绿色、绿紫色或深紫色，背面有白色条纹，基部管状，窄圆柱形，至喉部稍膨大，展开部分外卷，然后扩大呈檐部，檐部三角卵形至长圆卵形。浆果红色，多数组成长圆柱形花序；种子1～2粒，球形，淡褐色。生于灌丛、草地及林下阴湿环境中。

（2）药用部位及价值：以块茎（天南星）入药。生天南星：散结消肿；外用治痈肿、蛇虫咬伤。制天南星：燥湿化痰，祛风止痉，散结消肿；用于顽痰咳嗽、风痰眩晕、中风痰壅、口眼歪斜、半身不遂、癫痫、惊风、破伤风等治疗；外用治痈肿、蛇虫咬伤。

一把伞南星花序

一把伞南星

64. 知母

（1）识别要点与分布：知母属于百合科。多年生草本，根茎肥厚。叶基生，线形，基部常扩大成鞘状。花2 ～ 6成一簇，散生在花序轴上，排列成长穗状；花黄白色或淡紫色，具短梗，多于夜间开放，有香气；花被片6，2轮，长圆形，外轮具紫色脉纹，内轮淡黄色。蒴果长圆形，具6条纵棱，3室，每室含种子1 ～ 2粒；种子黑色，长三棱形，两侧有翅。生于草地、山坡。

（2）药用部位及价值：以根茎（知母）入药。清热泻火，滋阴润燥；用于外感热病、高热烦渴、肺热燥咳、骨蒸潮热、内热消渴、肠燥便秘等治疗。

种植知母

知母花序

知母苗

65. 射干

（1）识别要点与分布：射干属于鸢尾科。多年生草本。茎直立，下部生叶。叶2列，嵌叠状排列，宽剑形，扁平，绿色，常带白粉，基部抱茎。聚伞花序伞房状顶生；花橘黄色，花被片6，椭圆形，散生暗红色斑点。蒴果倒卵圆球形，有3纵棱，成熟时沿缝线3瓣裂；种子黑色，近球形，有光泽。生于山坡、干地。

（2）药用部位及价值：以根茎（射干）入药。清热解毒，消痰，利咽；用于热毒痰火郁结、咽喉肿痛、痰涎壅盛、咳嗽气喘等治疗。

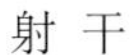
射 干

射干籽

66. 野鸢尾（白射干）

（1）识别要点与分布：野鸢尾属于鸢尾科。多年生草本。叶基生或在花茎基部互生，叶片剑形，灰绿色。花序生于分枝顶端；苞片4～5，膜质，绿色，边缘白色，披针形，内包3～5朵花；花蓝紫色或浅蓝色，有棕褐色斑点。蒴果圆柱形，种子暗褐色，椭圆形，有小翅。生于低海拔山坡草地。

（2）药用部位及价值：以根及根茎（白射干）入药。清热解毒，活血消肿，止痛止咳；用于咽喉、牙龈肿痛、痄腮、乳痈、胃痛、肺热咳喘、跌打损伤、水渍疮等治疗。

野鸢尾花

野鸢尾

67. 扁担杆

（1）识别要点与分布：扁担杆属于椴树科。灌木或小乔木。叶互生，薄革质，狭菱状卵形或狭菱形，基出脉3条。聚伞花序腋生，多花；苞片钻形；萼片狭长圆形，外面被毛，内面无毛。核果红色，有2～4颗分核。生于丘陵、低山路边草地、灌丛或疏林地。

（2）药用部位及价值：以全株（娃娃拳）入药。健脾益气，祛风除湿，固精止带；用于脾虚食少、久泻脱肛、小儿疳积、蛔虫病、风湿痹痛、遗精、崩漏、带下、阴挺等治疗。

扁担杆

扁担杆

扁担杆果实

68. 角蒿

（1）识别要点与分布：角蒿属于紫葳科。一年生至多年生草本。叶互生；叶片二至

角 蒿

三回羽状细裂，小叶不规则细裂，末回裂片线状披针形。顶生总状花序；花萼钟状，绿色带紫红色，萼齿间皱褶2浅裂；花冠淡玫瑰色或粉红色，有时带紫色钟状漏斗形，先端5裂，裂片圆形。蒴果淡绿色，细圆柱形，先端尾状渐尖。种子扁圆形，四周具透明的膜质翅，先端具缺刻。生于山坡、田野、分布于我国河北等地。

（2）药用部位及价值：以全草（角蒿）入药。祛风湿，解毒，杀虫；用于风湿痹痛、跌打损伤、口疮、齿龈溃烂、耳疮、湿疹、疥癣、阴痒、带下等治疗。

69. 瓦松

瓦 松

（1）识别要点与分布：瓦松属于景天科。全株粉绿色，密生紫红色斑点。基生叶莲座状，肉质，匙状线形至倒披针形；茎生叶互生，线形至披针形。圆锥花序，花淡红色；萼片5，长圆形；花瓣5，披针状椭圆形。蓇葖果，长圆形，种子多数，细小，卵形。生于山坡石上或瓦屋上。

（2）药用部位及价值：以地上部分（瓦松）入药。凉血止血，解毒，敛疮；用于血痢、便血、痔血、疮口久不愈合等治疗。

70. 费菜（景天三七）

（1）识别要点与分布：费菜属于景天科。多年生草本植物，根状茎短，粗茎高可达50厘米，直立。叶互生，叶坚实，近革质。聚伞花序有多花，萼片肉质，花瓣黄色，花柱长钻形。种子椭圆形，花果期6～9月。阳性植物，稍耐阴，耐寒，耐干旱瘠薄，多生于山地林缘、灌木丛中，河岸草丛。

（2）药用部位及价值：以全草（费菜）入药。活血，止血，宁心，利湿，消肿，解毒；用于治跌打损伤、咯血、吐血、便血、心悸、痈肿等治疗。

费菜花

费 菜

71. 山茱萸

（1）识别要点与分布：山茱萸属于山茱萸科。落叶灌木或乔木。叶卵形至卵状椭圆形，基部楔形或近圆形。伞形花序腋生，花先叶开放；总苞片4，卵圆形、褐色；萼片4，卵形，不显著；花瓣4，黄色，卵状披针形。核果椭圆形，熟时深红色，有光泽，外果皮革质，中果皮肉质，内果皮骨质。生于温暖地带，分布于我国大部分地区。

（2）药用部位及价值：以果肉（山茱萸）入药。益肝肾，收涩固脱；用于眩晕耳鸣、腰膝酸痛、阳痿遗精、遗尿尿频、崩漏带下、大汗虚脱、内热消渴等治疗。

山茱萸花

山茱萸果实

72. 穿龙薯蓣

（1）识别要点与分布：俗称穿山龙，狗山药、山常山、土山薯。缠绕草质藤本。根状茎横生，圆柱形，多分枝，栓皮层显著剥离。茎左旋，近无毛，长达5米。单叶互生，叶片掌状心形，边缘三角状浅裂、中裂或深裂。花雌雄异株。雄花序为腋生的穗状花序，雌花序穗状，单生；蒴果三棱形，每棱翅状。花期6～8月，果期8～10月。常生于山腰的河谷两侧半阴半阳的山坡灌木丛中和稀疏杂木林内及林缘。

（2）药用部位及价值：以根茎（穿山龙）入药。春、秋二季采挖，洗净，除去须根及外皮，晒干即可。具有祛风除湿，舒筋通络，活血止痛，止咳平喘之功效；用于风湿痹痛、关节肿胀、疼痛麻木、跌扑损伤、闪腰岔气、咳嗽气喘等治疗。

穿龙薯蓣

穿龙薯蓣生长环境

穿龙薯蓣花序

七、药用动物

1. 通俗环毛蚓

通俗环毛蚓

（1）识别要点与分布：通俗环毛蚓属于巨蚓科。背面青黄色或青灰色，背中线深青色。环带占14 ~ 16三节，无刚毛。交配腔陷入时呈裂缝，内壁有褶皱，褶皱间有刚毛2 ~ 3条，18节两侧交配腔内有乳突3个，雄生殖孔在1个突起上，能全部翻动。受精囊孔3对，在6 ~ 7节间、7 ~ 8节间、8 ~ 9节间，孔在一横裂的小突起上，受精囊腔深广，前后缘隆肿。穴居于潮湿多腐殖质的泥土中，以菜园、耕地、沟渠边数量最多。

（2）药用部位及价值：全虫体（地龙）入药。清热定惊，通络，平喘，利尿；用于高热神昏、惊痫抽搐、关节痹痛、肢体麻木、半身不遂、肺热喘咳、水肿尿少等治疗。

2. 灰尖巴蜗牛

（1）识别要点与分布：灰尖巴蜗牛属于巴蜗牛科。贝壳呈球形，中等大小，壳质薄脆，有5 ~ 6个螺层，体螺层膨大。壳面光滑，灰色或棕褐色。壳口大，内唇上方贴敷于体螺层上，形成胼胝。轴缘外折，约遮盖2/3脐孔。菜田、农田、庭院、公园、林边杂草

灰尖巴蜗牛

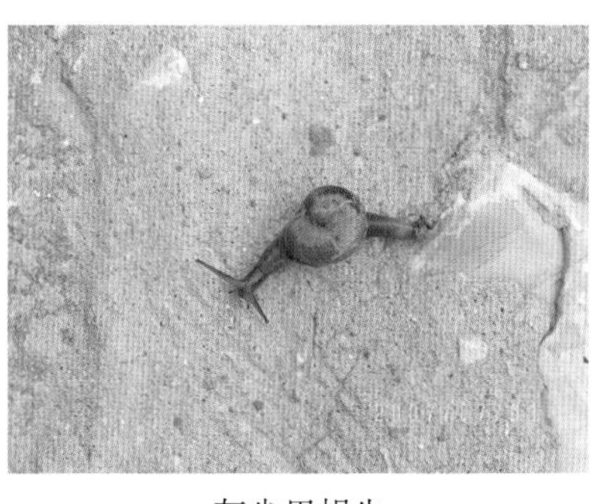
灰尖巴蜗牛

丛中及乱石堆内均可发生。

（2）药用部位及价值：全虫体（蜗牛）入药。清热解毒，镇惊，消肿；用于风热惊痫、小儿脐风、消渴、痄腮、瘰疬、痈肿丹毒、痔疮、脱肛、蜈蚣咬伤等治疗。

3. 潮虫（普通卷甲虫）

（1）识别要点与分布：普通卷甲虫属于潮虫科。体长10毫米左右，长为宽的2倍。体呈长椭圆形，背呈弓形。体节上有多少不等的弯曲条纹。第二触角短。胸肢7对，腹肢5对。体色有时灰色或暗褐色，有时局部带黄色，并具有光亮的斑点。多栖于朽木、腐叶或石块下，喜阴暗潮湿的环境，有时也出现在房屋、庭院内。分布于全县山区。

（2）药用部位及价值：干燥全虫体（鼠妇虫）入药。破瘀消癥，通经，利水，解毒，止痛；用于癥瘕、疟母、血瘀经闭、小便不通、惊风撮口、牙齿疼痛、鹅口诸疮等治疗。

潮 虫

4. 燕山蛩

（1）识别要点与分布：燕山蛩属于山蛩科。体长圆形。全体有多数环节组成，从颈板到肛节约有体节54个（雄性53个）。第一节无步肢，第2～4节各有步肢1对，自第五节至肛节，每节有步肢2对，各步肢6节，末端具爪。多栖息于阴湿地区。

（2）药用部位及价值：干燥虫体（马陆）入药。破积解毒，用于腹中癥积痞块、乳蛾、疮毒等治疗。

燕山蛩

5. 东亚钳蝎

（1）识别要点与分布：东亚钳蝎属于钳蝎科。体长约60毫米，躯干（头胸部和前腹部）为绿褐色，尾（后腹部）为土黄色。头胸部背甲梯形。侧眼3对。胸板三角形，螯肢的钳状上肢有2齿。触肢钳状，上下肢内侧有12行颗粒斜列。第三、第四对步足胫节有距，各步足跗节末端有2爪和1距。前腹部的前背板上有5条隆脊线。生殖厣由2个半圆形甲片组成。栉状器有16～25枚齿。后腹部的前4节各有10条隆脊线，第五节仅有五条，第六节的毒针下方无距。喜栖于石底或石缝的潮湿阴暗处。全县内山区均有分布。河南店镇、固新镇、关防乡有养殖。

东亚钳蝎

（2）药用部位及价值：全虫体（全蝎）入药。息风镇痉，通络止痛，攻毒散结；用于肝风内动、痉挛抽搐、小儿惊风、中风口歪、半身不遂、破伤风、风湿顽痹、偏正头痛、疮疡、瘰疬等治疗。

6. 地鳖（土元）

（1）识别要点与分布：地鳖属于地鳖蠊科。雌虫翅已退化，雄虫有翅。雌虫胸腹部背板微隆起，紫黑色稍有光泽，腹面深棕色有光泽。头部较小，隐于前胸腹面。前胸背板似三角形，密被细短毛，中央有规则的细小花纹。雄虫淡褐色无光泽。前胸背板较扁平。前缘中部稍突出。常在老式土质住宅墙根的土内活动。

（2）药用部位及价值：雌虫全体（土鳖虫）入药。破血逐瘀，续筋接骨；用于跌打损伤、筋伤骨折、血瘀经闭、产后瘀阻腹痛、藏瘕痞块等治疗。

地 鳖

7. 横纹金蛛

（1）识别要点与分布：横纹金蛛属于圆蛛科。雌蛛体长18 ～ 22毫米，头胸部卵圆形，背面灰黄色，密生银白色毛。步足黄色，上有黑色斑块和黑色轮纹。自前向后共有约10条黑褐色横纹。雄蛛体色不如雌蛛鲜艳，腹部背面淡黄色，无黑色横纹。在山区或田埂周围的灌木林比较常见。

（2）药用部位及价值：全体（花蜘蛛）入药。益肾助阳，解毒消肿；用于阳痿、瘰疬、疮肿、毒蛇咬伤等治疗。

横纹金蛛

8. 巨斧螳螂

（1）识别要点与分布：巨斧螳螂属于螳科。体绿色至黄绿色。前翅有1颗黄色较宽短的条形翅痣，两端暗色较明显。前胸背板向两侧扩展，边缘具小锯齿。前足基节具3 ～ 5个较小的三角形黄色瘤突，第一与第二瘤突相距较远，大于疣突本身的宽度。

（2）药用部位及价值：卵鞘（桑螵蛸：黑螵蛸）入药。补肾助阳，固精缩尿；用于遗尿尿频、遗精滑精、小便白浊、腰膝酸软等治疗。

巨斧螳螂

9. 大刀螳

（1）识别要点与分布：大刀螳属于螳科。体大型，全体淡褐色或暗黄绿色。头部大，比前胸背板宽，近似三角形，触角丝状，柄节粗大，鞭节细小。前翅浅褐色或浅绿色，末端有较明显的褐色翅脉，后翅扇形，比前翅稍长，有黑褐色斑点散布其间。

（2）药用部位及价值：卵鞘（桑螵蛸：团螵蛸）入药。价值：同巨斧螳螂。

大刀螳

10. 蟋蟀

（1）识别要点与分布：蟋蟀属于蟋蟀科。体黑色。头棕褐色，头后有6根短的不规则纵沟。两复眼间有1条明显的横线。复眼大，如半球形突出，呈黑褐色。前胸背板左右平行如横方形，背中线稍向下陷，黑褐色。前翅棕褐色，侧部上半面黑色，下半面淡黄色。雄的长过腹面，雌的短于腹面。后翅甚长，灰褐色。胸足3对，长短中等，淡黄色，腿节膨大且向外侧呈扁状。腹部近圆筒状，背面黑褐色，节间有污黄色斑纹，腹面色淡，呈灰黄色。常栖息于地表、砖石下、土穴中、草丛间。

（2）药用部位及价值：全体（蟋蟀）入药。利尿消肿，用于癃闭、水肿、腹水、小儿遗尿等治疗。

蟋 蟀

蟋 蟀

11. 蝼蛄

（1）识别要点与分布：蝼蛄属于蝼蛄科。体较粗壮肥大，体长45 ~ 66毫米。黄褐色，腹部色较浅。全身密布细毛。头部黑褐色，卵圆形，触角鞭状。前胸背板甚发达呈盾形，中央具1块心脏形暗红色斑。前翅鳞片状，黄褐色，后翅扇形，纵卷成尾状，超过腹部末端。前足特化为开掘足，腿节强大。常栖息于沙壤土和多腐殖质的地区。

蝼 蛄

（2）药用部位及价值：全体（蝼蛄）入药。利水通淋，消肿解毒；用于水肿、大小便不利、癃闭、石淋、瘰疬、恶疮等治疗。

12. 螽斯

螽 斯

（1）识别要点与分布：螽斯属于螽斯科。雄虫体长35 ~ 41毫米，雌虫体长40 ~ 50毫米。全身鲜绿或黄绿色。头大、颜面近平直；触角褐色，丝状，螽斯长度超过身体；复眼椭圆形。前胸背板发达，盖住中、后胸，呈盾形。前翅各脉褐色。雄虫翅短，具发音器；雌虫只具有翅芽，腹末有马刀形产卵管，长约为前胸背板的2.5倍。前足胫节基部具听器，3对足的腿节下缘具黑色短刺并呈锯齿状。后足发达，善跳跃，腿节上常有褐色纵走晕纹。生活于荒地草丛及豆地中。

（2）药用部位及价值：干燥全虫入药。利水消肿，通络止痛；用于水肿尿少、腰膝肿痛、湿脚气等治疗。

13. 斑衣蜡蝉

（1）识别要点与分布：斑衣蜡蝉属于蜡蝉科。全身灰褐色。前翅革质，基部约2/3为淡褐色，翅面具有20个左右的黑点；端部约1/3为深褐色；后翅膜质，基部鲜红色，具有黑点；端部黑色。体翅表面附有白色蜡粉。头角向上卷起，呈短角突起。翅膀颜色偏蓝为雄性，偏米色为雌性。喜干燥炎热处，以臭椿为原寄主。

（2）药用部位及价值：成虫全体（樗鸡）入药。活血通经，攻毒散结；用于血瘀经闭、咬伤疼痛、阳痿、不孕、瘰疬、癣疥、狂犬咬伤等治疗。

斑衣蜡蝉

斑衣蜡蝉的若虫

14. 神农洁蜣螂

（1）识别要点与分布：神农洁蜣螂属于金龟子科。头面密布鳞状横皱，唇基眼脊片连片呈扇面形，雄虫头面有1底大短尖角突，雌虫有1矮小锥突。复眼大，眼周缘滑亮。

触角9节。前胸背板均匀密布有颗粒刻纹，四缘边框完整，雄虫于中部隆升呈高锐横脊，侧端成向前或向前侧方伸长的角突，雌虫则于前部有矮弱横脊。常见于有粪食地方。

（2）**药用部位及价值**：全体（蜣螂）入药。破瘀，定惊，通便，散结，拔毒去腐；用于癥瘕、惊痫、噎膈反胃、腹胀便秘、痔漏、疔肿、恶疮等治疗。

神农洁蜣螂

15. 白星花金龟

（1）**识别要点与分布**：白星花金龟属于花金龟科。成虫体椭圆形，背面较平，体较光亮，多古铜色或青铜色，体表散布众多不规则白绒斑。头部较窄。复眼突出，黄铜色带有黑色斑纹。前胸背板具不规则白线斑，长短于宽，两侧弧形。背面布有粗大刻纹，肩凸的内外刻纹尤为密集，白绒斑多为横波纹状，多集中在鞘翅的中后部。臀板短宽，密布皱纹和黄绒毛，每侧有3个白绒斑呈三角形排列。各足跗节顶端有两弯曲爪。分布较广，常危害玉米、蔬菜等多种作物。

（2）**药用部位及价值**：干燥幼虫全体（蛴螬）入药。活血破瘀，消肿止痛，平喘，去翳；用于经闭腹痛、瘤瘕、哮喘等治疗。外用治丹毒、恶疮、痔疮、目翳等。

白星花金龟

白星花金龟

16. 大黑鳃金龟

（1）**识别要点与分布**：大黑鳃金龟属于鳃金龟科。体长17 ~ 21毫米，宽8.4 ~ 11毫米，长椭圆形，体黑至黑褐色，具光泽，触角鳃叶状，棒状部3节。前胸背板宽，约为长的2倍，两鞘翅表面均有4条纵肋，上密布刻点。前足胫外侧具3齿，内侧有1棘与第二齿相对，各足均具爪1对，爪中部下方有垂直分裂的爪齿。分布较广，始终在地下生活。寄主为苹果、梨、桃、李、杏、梅、樱桃、核桃以及多种作物。

（2）**药用部位及价值**：干燥幼虫全体（蛴螬）入药。价值：同白星花金龟。

蛴 螬

大黑金龟子

17. 星天牛

星天牛

(1) 识别要点与分布： 星天牛属于沟胫天牛科。全身呈漆黑色。复眼黑色，环绕触角基半部，两触角间有1个纵凹。触角鞭状，前胸圆筒状，前胸背板两侧各有1个强大的棘突，成三角形，背面后缘有瘤状隆起，中部两侧各有2个矮小的瘤。左右鞘翅面上各约20块白色斑块，排列成不规则的5裂。足黑色，全被白色短小绒毛。成虫夜晚偶有趋光性，幼虫危害柳树等。

(2) 药用部位及价值： 成虫全体（天牛）入药。活血化瘀，消肿，镇静息风；用于疟疾、经闭、小儿惊风、疔肿等治疗。

18. 黑盾胡蜂

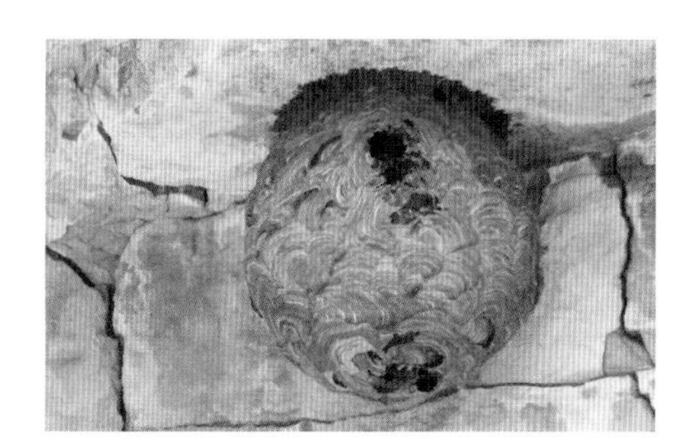

黑盾胡蜂

(1) 识别要点与分布： 黑盾胡蜂属于胡蜂科。长约21毫米。头较胸窄，触角间隆起，黄色，额与颅顶黑色，有棕色长毛。胸腹节与小盾片相邻处黑色，金黄色，形成“Y”形斑。在田间和林间较为常见。

(2) 药用部位及价值： 全体（胡蜂）入药。祛风除湿，用于风湿痹痛等治疗。

19. 蚁狮

蚁 狮

(1) 识别要点与分布： 蚁狮属于蚁蛉科，别名沙猴、沙牛。成虫与幼虫皆为肉食性，以其他昆虫为食，幼虫生活于干燥的地表下，在沙质土中造成漏斗状陷阱以用来诱捕猎物。通体暗灰色或暗褐色，翅透明并密布网状翅脉。它头部较小，但一对复眼发达并向两侧突出，口器为咀嚼式，腹部细长。成虫体长23 ~ 32毫米，展翅52 ~ 67毫米。蚁狮成虫与幼虫都是肉食性，以其他昆虫为食，幼虫生活在干燥的地表下，在沙质土里造成漏斗状陷阱以用来诱捕猎物。

（2）药用部位及价值：干燥全体（沙挼子）入药。治疗如高血压、泌尿系结石、胆结石、骨髓炎、脉管炎、疟疾、便秘、腹泻、小儿消化不良、中耳炎等。

20. 黑蚱

（1）识别要点与分布：黑蚱属于蝉科。体长4.0 ~ 4.8厘米，色黑而有光泽，头部横宽，复眼1对，形大淡黄褐色，两复眼间有3个单眼，淡藏色排成三角形。前胸较小，中胸背板发达，中央具W形的浅色斑，中胸背板后缘中央有一X形隆起，淡褐色。翅2对，透明，膜质黑褐色，前翅基部12处具烟褐色斑，后翅基部1/3处为烟黑色，翅脉明显。寄主包括槐树、桃、梨、苹果、樱桃等。若虫在土壤中刺吸植物根部，成虫刺吸枝干，产卵造成植物干枯死。

（2）药用部位及价值：若虫羽化时脱落的干燥皮壳（蝉蜕）入药。疏散风热，利咽，透疹，明目退翳，解痉；用于风热感冒、咽痛音哑、麻疹不透、风疹瘙痒、目赤翳障、惊风抽搐、破伤风等治疗。

蝉

蝉 脱

21. 松鼠

（1）识别要点与分布：松鼠是典型的树栖小动物，身体细长，被柔软的密长毛反衬显得特别小。体长20 ~ 28厘米，尾长15 ~ 24厘米，体重300 ~ 400克。眼大而明亮，耳朵长，耳尖有一束毛，冬季尤其显著。夏毛黑褐色或赤棕色；冬毛灰色，烟灰色或灰褐色，腹毛白色。四肢细长，后肢更长，指、趾端有尖锐的钩爪。尾毛多而蓬松，常朝背部反卷。它的食物以种子和果实为主。

松 鼠

（2）药用部位及价值：松鼠以去除内脏的干燥全体入药，药物名称松鼠。可理气调经，杀虫消积，主治疗妇女月经不调、痛经、肺结核、胸膜炎、疳积、痔瘘等。

22. 无蹼壁虎

无蹼壁虎

（1）识别要点与分布：无蹼壁虎属于壁虎科。长12厘米左右，体尾几等长。头扁宽；吻鳞达鼻孔，其后方有3枚较大鳞片；鼻孔近吻端；耳孔小，卵圆形。上唇鳞9 ~ 12枚，背部疣鳞交错排列成12 ~ 14纵行，胸腹部鳞片较大，覆瓦状排列。指、趾膨大，指、趾间无蹼迹。常见于暖温带以及栖息在建筑物的缝隙、岩缝、石下及树上。

（2）药用部位及价值：全体（壁虎）入药。祛风定惊，散结解毒；用于四肢不遂、惊痫、破伤风、瘰疬、痈疮、风癣等治疗。

23. 喜鹊

喜 鹊

（1）识别要点与分布：喜鹊属于鸦科。头颈背部中央均黑色，背部稍沾蓝绿，腰部有1块灰白斑。肩羽、两胁及腹部均白色。额、喉、胸、下腹中央、肛周、覆退羽等均黑色。尾羽较长，为黑色，而带金属绿色光泽。常出没于人类活动地区，杂食性，在旷野和田间觅食。

（2）药用部位及价值：以散肉（鹊）入药。清热，滋补；用于虚劳发热、烦躁不安等治疗。

24. 灰喜鹊

（1）识别要点与分布：灰喜鹊属于鸦科。外形酷似喜鹊，但稍小。体长33 ~ 40厘米。嘴、脚黑色，额至后颈黑色，背灰色，两翅和尾灰蓝色，初级飞羽外嘲端部白色。尾长、呈凸状具白色端斑，下体灰白色。外侧尾羽较短不及中央尾羽之半。喜栖息于开阔的松林及阔叶林，公园和城镇居民区。杂食性，但以动物性食物为主，主要吃半翅目

灰喜鹊

灰喜鹊

的蜻象，鞘翅目的昆虫及幼虫，兼食一些植物果实及种子。

（2）药用部位及价值：以其肉（灰喜鹊）入药。清热，滋补；用于虚劳发热、烦躁不安等治疗。

25. 麻雀

（1）识别要点与分布：麻雀属于文鸟科小型鸟类，雌雄相似，一般上体呈棕、黑色的斑杂状，因而俗称麻雀。初级飞羽9枚，外侧飞羽的淡色羽缘（第一枚除外）在羽基和近端处，形稍扩大，互相骈缀，略成两道横斑状，在飞翔时尤见明显。嘴短粗而强壮，呈圆锥状，嘴峰稍曲。闭嘴时上下嘴间没有缝隙。无论山地、平原、丘陵、草原、沼泽和农田，低山丘陵和山脚平原地带的各类森林和灌丛中，多活动于林缘疏林、灌丛和草丛中，不喜欢茂密的大森林。

麻 雀

（2）药用部位及价值：肉或全体（雀）、粪便（白丁香）入药。雀：补肾壮阳，涩精固涩；用于肾虚阳痿、早泄、遗精、腰膝酸软、疝气、小便频数、崩漏、带下、百日咳、痈毒疮疖等治疗。白丁香：化积，消翳；用于积聚、疝气等治疗；外用治目翳、痈疽疮疖、乳蛾。

26. 家鸡

（1）识别要点与分布：家鸡属于雉科，家禽。嘴短而坚，略呈圆锥状，上嘴稍弯曲。鼻孔裂状，被有鳞状瓣。眼有瞬膜。头上有肉冠，喉部两侧有肉垂，通常呈褐红色；肉冠以雄者为高大，雌者低小；肉垂亦以雄者为大。翼短；羽色雌、雄不同，雄者羽色较美，有长而鲜丽的尾羽；雌者尾羽甚短。足健壮，跗、跖及趾均被有鳞板；趾4，前3趾，后1趾，后趾短小，位略高，雄者跗跖部后方有距。生活于石灰岩山地及河谷阔叶林。

家 鸡

（2）药用部位及价值：以砂囊内膜（鸡内金）、肉（鸡肉）入药。鸡内金：健胃消食，涩精止遗，通淋化石；用于食积不消、呕吐泻痢、小儿疳积、遗尿、遗精、石淋涩痛、胆胀胁痛等治疗。鸡肉：温中，益气，补精，填髓；用于虚劳羸瘦、病后体虚、食少纳呆、反胃、腹泻下痢、消渴、水肿、小便频数、崩漏、带下、产后乳少等治疗。

27. 雉鸡

（1）识别要点与分布：雉鸡属于雉科。虹膜红栗色，雄鸟头和后颈大多黑绿色，眼周和颊部裸皮绯红色，其间眼下有1小块蓝黑色短羽，头顶两侧有耳羽簇，颈侧和下颈深紫色，颈下有白色颈环，上背及肋金黄色杂黑锚状斑，下背及腰淡绿灰，向后转为栗色，靠近中央部分杂黄、黑及深蓝相间的横斑，尾长，中央橄榄黄；雌鸟羽色暗淡，多为褐和棕黄色杂黑斑，虹膜淡红褐色。

（2）药用部位及价值：以其肉（雉鸡肉）入药。补中益气，生津止泻；用于脾虚泻痢、胸腹胀满、消渴、小便频数、痰喘、疮痿等治疗。

雉 鸡

28.双斑锦蛇

（1）识别要点与分布：双斑锦蛇属于蛇科。身体细长，四肢退化，身体表面覆盖鳞片，蛇虽细长却是脊椎动物。以鼠、蛙、昆虫等为食。蛇有换皮的习性，一般被称为蛇蜕，为蛇蜕下的干燥表皮膜，可入药，春末夏初或冬初收集，除去泥沙，干燥。

（2）药用部位及价值：以蛇蜕下的表皮（蛇蜕）入药。具有祛风，定惊，解毒，退翳的功效；用于小儿惊风、抽搐痉挛、角膜出翳、喉痹、疔肿、皮肤瘙痒等治疗。

双斑锦蛇

29.山地麻蜥

（1）识别要点与分布：山地麻蜥属于蜥蜴科。体长圆形而略扁平，体型较小，尾部约为身长的1.5倍。眼下鳞伸入上唇鳞之间。

（2）药用部位及价值：干燥全体（蜥蜴）入药。活血祛痰，消瘦散结，解毒镇静；用于骨折、瘰疬、咳嗽、癫痫病等治疗。

山地麻蜥

30. 刺猬

刺 猬

（1）**识别要点与分布**：刺猬属于猬科。外表面密生错综交叉的棘刺，坚硬如针，灰白色、黄色、灰褐色不一。腹面的皮上有灰褐色软毛。常生活在灌木丛中。

（2）**药用部位及价值**：以皮（刺猬皮）入药。化瘀止痛，收敛止血，涩精缩尿；用于胃脘疼痛、子宫出血、便血、痔疮、遗精、遗尿等治疗。

31. 驴

驴

（1）**识别要点与分布**：驴属于马科。头大，眼圆，有1对显眼的长耳，颈部长而宽厚。面部平直，肌肉结实，鬃毛稀少，四肢粗短，蹄质坚硬，胸部稍窄，尾基部粗而末梢细。毛色有黑色、栗色、灰色3种，背部及四肢外侧、面颊部深色，颈部背部有1条深色横纹，有明显的白色嘴圈。主要分布于河北省太行山山区、燕山山区及毗邻地区。以华北平原西部的易县、阜平、井陉、临城、邢台、武安、涉县等县分布最为集中。

（2）**药用部位及价值**：皮经煎煮、浓缩制成的固体胶（阿胶）入药。补血滋阴，润燥，止血，安胎；用于血虚萎黄、眩晕心悸、肌痿无力、心烦不眠、虚风内动、肺燥咳嗽、痨嗽咯血、吐血尿血、便血崩漏、妊娠胎漏等治疗。

32. 骡

骡

（1）**识别要点与分布**：骡属于马科，为驴与马的杂交种，形态似马，叫声似驴。耳长，鬃毛和尾毛介于马驴之间。体小，踵高而坚实，四肢筋腱强韧。肩、背及四肢中部常见暗色条纹，体毛黑褐色、灰色或赤褐色。主要分布于河北省太行山山区、燕山山区及毗邻地区。以华北平原西部的易县、阜平、井陉、临城、邢台、武安、涉县等县分布最为集中。

（2）**药用部位及价值**：蹄甲（骡蹄甲）、胃结石（骡宝）入药。骡蹄甲：祛风通络，用于风湿痹痛、关节疼痛等治疗。骡宝：镇惊安神，清热化痰；用于癫狂、惊痫、吐血、衄血、痈疮、疥癣等治疗。